教科ガイド

ガイド

啓林館 版

深進数学C

TEXT

BOOK

GUIDE

文研出版

第1章　ベクトル

第1節　ベクトルとその演算

1　ベクトル

問 1　右の図において，次のようなベクトルを表す有向線分の組を答えよ。

教科書
p.7

(1) 大きさが等しいベクトル

(2) 向きが同じベクトル

(3) 等しいベクトル

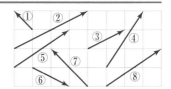

ガイド　右の図の線分 AB のように，矢印をつけて向きをつけた線分を**有向線分**という。

　線分 AB の長さを有向線分 AB の**大きさ**という。

　有向線分について，その始点を問題にしないで向きと大きさだけに着目したものを考えるとき，このような量を**ベクトル**という。

　有向線分 AB が定めるベクトルを $\overrightarrow{AB}$ で表す。また，ベクトルを $\vec{a}$ のように，1つの文字に矢印をつけて表すこともある。

　ベクトル $\overrightarrow{AB}$，$\vec{a}$ の大きさは，それぞれ $|\overrightarrow{AB}|$，$|\vec{a}|$ で表す。

　$|\overrightarrow{AB}|$ は有向線分 AB の大きさに等しい。

　2つのベクトル $\vec{a}$, $\vec{b}$ の向きが同じで，大きさが等しいとき，$\vec{a}$ と $\vec{b}$ は**等しい**といい，$\vec{a}=\vec{b}$ と表す。

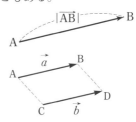

　$\vec{a}=\overrightarrow{AB}$, $\vec{b}=\overrightarrow{CD}$ と表すと，$\vec{a}=\vec{b}$ ならば，有向線分 AB を平行移動して有向線分 CD に重ねることができる。

解答　(1) ③と⑥，④と⑤と⑧

　　　(2) ①と⑦，②と③，⑤と⑧

　　　(3) ⑤と⑧

平行移動してぴったり重なれば等しいベクトルだよ。

■問 2　有向線分 AB とベクトル $\overrightarrow{\mathrm{AB}}$ の違いを説明せよ。

教科書 **p.7**

ガイド　どちらも向きと大きさをもつが，始点を定めた線分か，始点を問題にしない量なのか，という違いがある。

解答　有向線分は，始点が定まっており，終点に向かっている線分であるのに対して，ベクトルは，始点は任意であり，向きと大きさだけに着目した量である。

2　ベクトルの和，差，実数倍

■問 3　$\vec{a}$, $\vec{b}$ が次のように与えられているとき，$\vec{a}+\vec{b}$ を図示せよ。

教科書 **p.8**

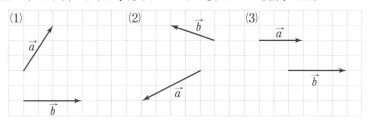

ガイド　$\vec{a}+\vec{b}$ **の作図方法**
$\vec{a}$ の終点に $\vec{b}$ の始点をつなぎ，$\vec{a}$ の始点から $\vec{b}$ の終点に向けて有向線分をかくとよい。

解答　（例）

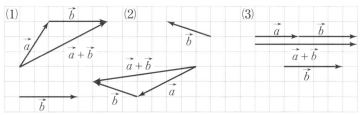

ベクトルの和の作図は，
矢印の線をつなぐだけ！

問 4

教科書
p.9

右の図で，$\vec{a}=\overrightarrow{OA}$, $\vec{b}=\overrightarrow{AB}$, $\vec{c}=\overrightarrow{BC}$ とする。

このとき，②の
$$(\vec{a}+\vec{b})+\vec{c}=\vec{a}+(\vec{b}+\vec{c})$$
が成り立つことを確かめよ。

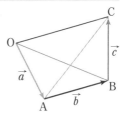

ガイド

ここがポイント ☞ ［ベクトルの和の性質］
　　① $\vec{a}+\vec{b}=\vec{b}+\vec{a}$　　　　交換法則
　　② $(\vec{a}+\vec{b})+\vec{c}=\vec{a}+(\vec{b}+\vec{c})$　　結合法則

上の図で，$(\vec{a}+\vec{b})+\vec{c}=\overrightarrow{OB}+\overrightarrow{BC}=\overrightarrow{OC}$
同様にして，$\vec{a}+(\vec{b}+\vec{c})=\overrightarrow{OC}$
となることを示す。

$\overrightarrow{OB}+\overrightarrow{BC}$
中のBを 抜いて
$\overrightarrow{OC}$

解答　問題の図で，$\vec{a}+\vec{b}=\overrightarrow{OA}+\overrightarrow{AB}=\overrightarrow{OB}$ であるから，
$$(\vec{a}+\vec{b})+\vec{c}=\overrightarrow{OB}+\overrightarrow{BC}=\overrightarrow{OC}$$
また，$\vec{b}+\vec{c}=\overrightarrow{AB}+\overrightarrow{BC}=\overrightarrow{AC}$ であるから，
$$\vec{a}+(\vec{b}+\vec{c})=\overrightarrow{OA}+\overrightarrow{AC}=\overrightarrow{OC}$$
よって，$(\vec{a}+\vec{b})+\vec{c}=\vec{a}+(\vec{b}+\vec{c})$

⚠注意　②が成り立つので，$(\vec{a}+\vec{b})+\vec{c}$ や $\vec{a}+(\vec{b}+\vec{c})$ を，括弧を使わない
で，$\vec{a}+\vec{b}+\vec{c}$ と表してもよい。

問 5

教科書
p.9

四角形 ABCD において，次の等式が成り立つことを示せ。
$$\overrightarrow{AB}+\overrightarrow{BC}+\overrightarrow{CD}+\overrightarrow{DA}=\vec{0}$$

ガイド　有向線分 AB において始点Aと終点Bが一致する場合，このとき，
対応するベクトル $\overrightarrow{AA}$ は，大きさが0のベクトルと考えられる。
これを**零ベクトル**といい，$\vec{0}$ で表す。
すなわち，　$\overrightarrow{AA}=\vec{0}$　　ただし，零ベクトルの向きは考えない。
また，$\vec{a}+\vec{0}=\vec{0}+\vec{a}=\vec{a}$ である。
本問の等式が成り立つことを示すには，左辺のベクトルの始点と終
点が一致することをいえばよい。

解答 $\overrightarrow{AB}+\overrightarrow{BC}+\overrightarrow{CD}+\overrightarrow{DA}$
$=(\overrightarrow{AB}+\overrightarrow{BC})+\overrightarrow{CD}+\overrightarrow{DA}=\overrightarrow{AC}+\overrightarrow{CD}+\overrightarrow{DA}$
$=(\overrightarrow{AC}+\overrightarrow{CD})+\overrightarrow{DA}=\overrightarrow{AD}+\overrightarrow{DA}$
$=\overrightarrow{AA}=\vec{0}$

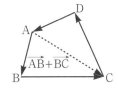

問 6　教科書8ページの問3の $\vec{a}$, $\vec{b}$ について，$\vec{a}-\vec{b}$ を図示せよ。

教科書 **p.10**

ガイド　$\vec{0}$ でないベクトル $\vec{a}$ に対して，$\vec{a}$ と向き
が反対で大きさが等しいベクトルを，$\vec{a}$ の
逆ベクトルといい，$-\vec{a}$ と表す。

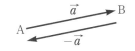

$\vec{a}=\overrightarrow{AB}$ のとき，$-\vec{a}=\overrightarrow{BA}$ であるから，$\overrightarrow{BA}=-\overrightarrow{AB}$ である。
また，$\vec{a}+(-\vec{a})=(-\vec{a})+\vec{a}=\vec{0}$ である。
なお，$\vec{0}$ の逆ベクトルは $-\vec{0}=\vec{0}$ と定める。
2つのベクトル $\vec{a}$, $\vec{b}$ に対して，$\vec{a}$ と $\vec{b}$ の
差 $\vec{a}-\vec{b}$ を
$$\vec{a}-\vec{b}=\vec{a}+(-\vec{b})$$
と定める。

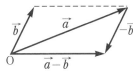

また，点Oを定め，$\vec{a}=\overrightarrow{OA}$, $\vec{b}=\overrightarrow{OB}$ と
なる点 A, B をとると，次の式が成り立つ。

ここがポイント ☞ **［ベクトルの差］**
$$\overrightarrow{BA}=\overrightarrow{OA}-\overrightarrow{OB}$$

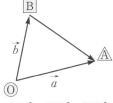

$\vec{a}-\vec{b}$ の作図法
$\vec{a}$ と $\vec{b}$ の始点を一致させて，$\vec{b}$ の終点か
ら $\vec{a}$ の終点に向けて有向線分をかくとよい。

解答　（例）

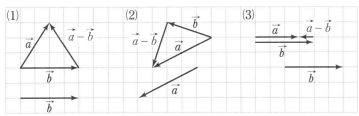

問 7　平行四辺形 ABCD において，次のベクトル

教科書 **p.10**　を求めよ。

(1) $\overrightarrow{AD} - \overrightarrow{AB}$　　　　(2) $\overrightarrow{AD} - \overrightarrow{CD}$

(3) $\overrightarrow{AD} - \overrightarrow{DC}$

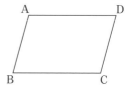

- -

ガイド　(2)，(3)も，(1)のように，始点をそろえたベ　　$\boxed{O}\overrightarrow{\boxed{A}} - \boxed{O}\overrightarrow{\boxed{B}} = \overrightarrow{\boxed{B}\boxed{A}}$

クトルの差に直し，右の等式を用いる。

平行四辺形 ABCD では，$\overrightarrow{AD} = \overrightarrow{BC}$，$\overrightarrow{CD} = \overrightarrow{BA}$　などが使える。

解答　(1) $\overrightarrow{AD} - \overrightarrow{AB} = \overrightarrow{\mathbf{BD}}$

(2) $\overrightarrow{AD} - \overrightarrow{CD} = \overrightarrow{BC} - \overrightarrow{BA} = \overrightarrow{\mathbf{AC}}$

(3) $\overrightarrow{AD} - \overrightarrow{DC} = \overrightarrow{AD} - \overrightarrow{AB} = \overrightarrow{\mathbf{BD}}$

別解　(2) $\overrightarrow{AD} - \overrightarrow{CD} = -\overrightarrow{DA} - (-\overrightarrow{DC}) = \overrightarrow{DC} - \overrightarrow{DA} = \overrightarrow{\mathbf{AC}}$

問 8　右の図の $\vec{a}$ と $\vec{b}$ に対して，

教科書 **p.11**　次のベクトルを図示せよ。

(1) $3\vec{a}$　　　　(2) $-2\vec{b}$

(3) $-2\vec{a} + \vec{b}$　　(4) $4\vec{b} + \dfrac{1}{2}\vec{a}$

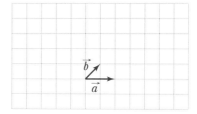

- -

ガイド　ベクトル $\vec{a}$ と実数 k に対して，$\underline{\vec{a}\text{ の }k\text{ 倍 } k\vec{a}}$ を次のように定める。

(i) $\vec{a} \neq \vec{0}$ のとき

　　　　$k > 0$ の場合，$\vec{a}$ と同じ向きで，

　　　　　大きさが $|\vec{a}|$ の k 倍であるベクトル

　　　　　とくに，　　$1\vec{a} = \vec{a}$

　　　　$k < 0$ の場合，$\vec{a}$ と反対向きで，

　　　　　大きさが $|\vec{a}|$ の $|k|$ 倍であるベクトル

　　　　　とくに，　　$(-1)\vec{a} = -\vec{a}$

　　　　$k = 0$ の場合，零ベクトル

　　　　　すなわち，　　$0\vec{a} = \vec{0}$

(ii) $\vec{a} = \vec{0}$ のとき

　　　　　任意の実数 k に対して，　　$k\vec{0} = \vec{0}$

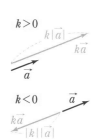

解答　（例）

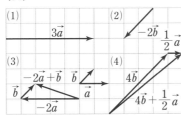

(1) $3\vec{a}$

(2) $-2\vec{b}$　$\dfrac{1}{2}\vec{a}$

(3) $-2\vec{a}+\vec{b}$　$\vec{b}$　$-2\vec{a}$　$\vec{a}$

(4) $4\vec{b}$　$4\vec{b}+\dfrac{1}{2}\vec{a}$

⚠注意　$(-k)\vec{a}=-(k\vec{a})$ が成り立つので，これらを単に $-k\vec{a}$ と書く。
また，$\dfrac{1}{k}\vec{a}$ を $\dfrac{\vec{a}}{k}$ と書くことがある。

問 9　次の計算をせよ。

教科書
p.12

(1) $(\vec{a}+3\vec{b})+2(3\vec{a}-\vec{b})$　　　(2) $2(\vec{a}-\vec{b}+2\vec{c})-3(\vec{a}-\vec{b}-\vec{c})$

ガイド

ここがポイント 👉 ［ベクトルの実数倍の性質］

k, ℓ を実数とするとき，

1 $k(\ell\vec{a})=(k\ell)\vec{a}$

2 $(k+\ell)\vec{a}=k\vec{a}+\ell\vec{a}$

3 $k(\vec{a}+\vec{b})=k\vec{a}+k\vec{b}$

ベクトルの和，差，実数倍では，$\vec{a}$, $\vec{b}$, $\vec{c}$ などを文字式と同じように計算してよい。

(1) $\vec{a}$ を a, $\vec{b}$ を b として，a と b の文字式の計算をすると，

$$(a+3b)+2(3a-b)=a+3b+6a-2b=7a+b$$

もとのベクトルの式の計算は，上の計算における a を $\vec{a}$, b を $\vec{b}$ とすればよい。

$$(\vec{a}+3\vec{b})+2(3\vec{a}-\vec{b})=\vec{a}+3\vec{b}+6\vec{a}-2\vec{b}$$
$$=\cdots\cdots$$

解答　(1) $(\vec{a}+3\vec{b})+2(3\vec{a}-\vec{b})=\vec{a}+3\vec{b}+6\vec{a}-2\vec{b}$
$$=7\vec{a}+\vec{b}$$

(2) $2(\vec{a}-\vec{b}+2\vec{c})-3(\vec{a}-\vec{b}-\vec{c})$
$$=2\vec{a}-2\vec{b}+4\vec{c}-3\vec{a}+3\vec{b}+3\vec{c}$$
$$=2\vec{a}-3\vec{a}-2\vec{b}+3\vec{b}+4\vec{c}+3\vec{c}$$
$$=-\vec{a}+\vec{b}+7\vec{c}$$

問 10 次の等式を満たす $\vec{x}$ を，$\vec{a}$, $\vec{b}$ を用いて表せ。

教科書 p.12

(1) $2\vec{a}-3\vec{x}=\vec{x}+4\vec{b}$　　　　(2) $2(\vec{a}+\vec{x})-3(\vec{b}-\vec{x})=\vec{0}$

ガイド　(ⅰ) $\vec{x}$ を左辺に，$\vec{a}$, $\vec{b}$ を右辺に集める。

(ⅱ) $\vec{x}$ の係数で両辺を割る。

解答　(1)
$$2\vec{a}-3\vec{x}=\vec{x}+4\vec{b}$$
$$-3\vec{x}-\vec{x}=-2\vec{a}+4\vec{b}$$
$$-4\vec{x}=-2\vec{a}+4\vec{b}$$

よって，　$\vec{x}=\dfrac{1}{2}\vec{a}-\vec{b}$

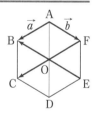

ふつうの x の1次方程式と同じだ。

(2)
$$2(\vec{a}+\vec{x})-3(\vec{b}-\vec{x})=\vec{0}$$
$$2\vec{a}+2\vec{x}-3\vec{b}+3\vec{x}=\vec{0}$$
$$2\vec{x}+3\vec{x}=-2\vec{a}+3\vec{b}$$
$$5\vec{x}=-2\vec{a}+3\vec{b}$$

よって，　$\vec{x}=-\dfrac{2}{5}\vec{a}+\dfrac{3}{5}\vec{b}$

問 11 教科書13ページの例6の正六角形において，$\overrightarrow{AO}$，$\overrightarrow{CO}$，$\overrightarrow{AD}$，$\overrightarrow{DE}$ のうち，$\overrightarrow{CF}$ と平行なベクトルをすべていえ。

教科書 p.13

ガイド　$\vec{0}$ でない2つのベクトル $\vec{a}$, $\vec{b}$ が，同じ向きか，または，反対向きのとき，$\vec{a}$ と $\vec{b}$ は**平行**であるといい，$\vec{a} /\!/ \vec{b}$ と表す。

> **ここがポイント** ☞ ［ベクトルの平行］
> $\vec{a}\neq\vec{0}$，$\vec{b}\neq\vec{0}$ のとき，
> $$\vec{a} /\!/ \vec{b} \iff \vec{b}=k\vec{a} \text{ となる実数 } k \text{ がある}$$

$\overrightarrow{AO}$，$\overrightarrow{AD}=2\overrightarrow{AO}$ は $\overrightarrow{CF}$ と同じ向きでなく，反対向きでもない。

$\overrightarrow{CO} /\!/ \overrightarrow{CF}$ で，$\overrightarrow{CO}=\dfrac{1}{2}\overrightarrow{CF}$ また，$\overrightarrow{DE} /\!/ \overrightarrow{CF}$ で，$\overrightarrow{DE}=\dfrac{1}{2}\overrightarrow{CF}$

解答　$\overrightarrow{CO}$，$\overrightarrow{DE}$

✓問 12　$|\vec{a}|=4$ のとき，$\vec{a}$ と同じ向きの単位ベクトルを $\vec{a}$ を用いて表せ。

教科書
p.13

- -

ガイド　大きさが1であるベクトルを**単位ベクトル**という。

　　一般に，$\vec{a}\neq\vec{0}$ のとき，$\vec{a}$ と平行な単位ベクトルは $\dfrac{1}{|\vec{a}|}\vec{a}$ と $-\dfrac{1}{|\vec{a}|}\vec{a}$

である。$\vec{a}$ と同じ向きの単位ベクトルは，負の符号はつかない。

解答　$\dfrac{1}{|\vec{a}|}\vec{a}=\dfrac{1}{4}\vec{a}$

✓問 13　教科書14ページの例7の図において，
教科書　　$\vec{u}$, $\vec{v}$, $\vec{w}$ を，それぞれ $\vec{a}$, $\vec{b}$ を用いて表せ。
p.14

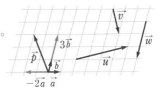

- -

ガイド

> **ここがポイント** 👉 ［ベクトルの分解］
> 　$\vec{a}\neq\vec{0}$, $\vec{b}\neq\vec{0}$ で，$\vec{a}$ と $\vec{b}$ が平行でないとき，平面上の任意の
> ベクトル $\vec{p}$ は，次の形にただ1通りに表される。
> 　　　　$\vec{p}=s\vec{a}+t\vec{b}$　　　（s, t は実数）

解答　$\vec{u}$, $\vec{v}$ は，それぞれのベクトルが対角線となるような平行四辺形に
着目し，$\vec{a}$ と $\vec{b}$ の2つの向きに分解して考える。また，$\vec{w}$ は $\vec{b}$ と平行
であるから，$\vec{b}$ だけを用いて表される。
　よって，　　$\vec{u}=4\vec{a}+\vec{b}$, $\vec{v}=\vec{a}-2\vec{b}$, $\vec{w}=-3\vec{b}$

> **ポイント プラス** 👉 ［ベクトルの相等］
> 　$\vec{a}\neq\vec{0}$, $\vec{b}\neq\vec{0}$ で，$\vec{a}$ と $\vec{b}$ が平行でないとき，
> 　　　$s\vec{a}+t\vec{b}=s'\vec{a}+t'\vec{b}$ $\iff$ $s=s'$, $t=t'$
> 　　　　　　　　　　　　　　　　　　　（s, s', t, t' は実数）
> 　とくに，　　$s\vec{a}+t\vec{b}=\vec{0}$ $\iff$ $s=t=0$

⚠注意　$\vec{a}\neq\vec{0}$, $\vec{b}\neq\vec{0}$ で $\vec{a}$ と $\vec{b}$ が平行でなく，
「$s\vec{a}+t\vec{b}=\vec{0}$ $\iff$ $s=t=0$」が成り立つとき，
$\vec{a}$ と $\vec{b}$ は**一次独立**であるという。

3　ベクトルの成分

問 14

教科書
p.16

ベクトル $\vec{a}$, $\vec{b}$, $\vec{c}$, $\vec{d}$ が右の図の
ような有向線分で表されている。
このとき，それぞれのベクトルを
成分で表し，その大きさを求めよ。

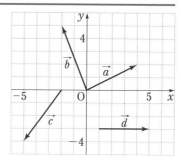

ガイド　点Oを原点とする座標平面上において，x 軸，
y 軸の正の向きに単位ベクトル $\vec{e_1}$, $\vec{e_2}$ をとる。
　　この $\vec{e_1}$, $\vec{e_2}$ を**基本ベクトル**という。
　　ベクトル $\vec{a}$ に対して，$\vec{a}=\overrightarrow{OA}$ となる点
A$(a_1,\ a_2)$ をとると，$\vec{a}$ は，$\vec{a}=a_1\vec{e_1}+a_2\vec{e_2}$ と
ただ1通りに表すことができる。これを $\vec{a}$ の**基本ベクトル表示**という。
　　この a_1, a_2 をそれぞれ $\vec{a}$ の**x成分**，**y成分**といい，
$\vec{a}$ を，$\vec{a}=(a_1,\ a_2)$ のようにも表す。これを $\vec{a}$ の**成分表示**という。
　　成分表示されたベクトルについて，次のことが成り立つ。

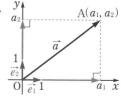

> **ここがポイント** 👉 ［ベクトルの相等と大きさ］
> 　① $\vec{a}=(a_1,\ a_2)$, $\vec{b}=(b_1,\ b_2)$ のとき，
> $$\vec{a}=\vec{b} \iff a_1=b_1,\ a_2=b_2$$
> 　② $\vec{a}=(a_1,\ a_2)$ のとき，　$|\vec{a}|=\sqrt{a_1{}^2+a_2{}^2}$

解答▶　$\vec{a}=(4,\ 2)$, $|\vec{a}|=\sqrt{4^2+2^2}=\sqrt{20}=2\sqrt{5}$
　　$\vec{b}=(-2,\ 5)$, $|\vec{b}|=\sqrt{(-2)^2+5^2}=\sqrt{29}$
　　$\vec{c}=(-3,\ -4)$, $|\vec{c}|=\sqrt{(-3)^2+(-4)^2}=\sqrt{25}=5$
　　$\vec{d}=(4,\ 0)$, $|\vec{d}|=\sqrt{4^2+0^2}=\sqrt{16}=4$

問 15

教科書
p.17

$\vec{a}=(5,\ -2)$, $\vec{b}=(-6,\ 4)$ のとき，次のベクトルを成分で表せ。

(1) $\vec{a}+\vec{b}$　　　(2) $4\vec{a}$　　　(3) $2\vec{a}-\vec{b}$　　　(4) $3\vec{a}+4\vec{b}$

ガイド

ここがポイント 👉 [和，差，実数倍の成分]

$\boxed{1}$ $(a_1,\ a_2)+(b_1,\ b_2)=(a_1+b_1,\ a_2+b_2)$

$(a_1,\ a_2)-(b_1,\ b_2)=(a_1-b_1,\ a_2-b_2)$

$\boxed{2}$ $k(a_1,\ a_2)=(ka_1,\ ka_2)$ 　　　　　　　　　(k は実数)

(3)や(4)のように，実数倍されたベクトルの和や差は，まず$\boxed{2}$を使っ
て成分で表し，次に$\boxed{1}$を使う。

解答 (1) $\vec{a}+\vec{b}=(5,\ -2)+(-6,\ 4)$

$=(5-6,\ -2+4)$

$=(-1,\ 2)$

x成分，y成分
を別々に計算し
よう。

(2) $4\vec{a}=4(5,\ -2)=(20,\ -8)$

(3) $2\vec{a}-\vec{b}=2(5,\ -2)-(-6,\ 4)=(10,\ -4)-(-6,\ 4)$

$=(16,\ -8)$

(4) $3\vec{a}+4\vec{b}=3(5,\ -2)+4(-6,\ 4)=(15,\ -6)+(-24,\ 16)$

$=(-9,\ 10)$

□問 16 $\vec{a}=(3,\ -4)$ と同じ向きの単位ベクトルを成分で表せ。

教科書
p.17
- -

ガイド $\vec{a}\neq\vec{0}$ のとき，$\vec{a}$ と同じ向きの単位ベクトルは，　　$\dfrac{1}{|\vec{a}|}\vec{a}$

また，$\vec{a}=(a_1,\ a_2)$ のとき，　$|\vec{a}|=\sqrt{a_1{}^2+a_2{}^2}$

解答 $|\vec{a}|=\sqrt{3^2+(-4)^2}=\sqrt{25}=5$ より，$\vec{a}$ と同じ向きの単位ベクトルは，

$$\dfrac{1}{|\vec{a}|}\vec{a}=\dfrac{1}{5}(3,\ -4)=\left(\dfrac{3}{5},\ -\dfrac{4}{5}\right)$$

□問 17 $\vec{a}=(2,\ 4)$ と $\vec{b}=(-5,\ y)$ が平行となるように，yの値を定めよ。

教科書
p.17
- -

ガイド $\vec{a}\neq\vec{0}$，$\vec{b}\neq\vec{0}$ のとき，

$\vec{a}\ /\!/\ \vec{b}\iff\vec{b}=k\vec{a}$ となる実数kがある

解答 $\vec{a}\neq\vec{0}$，$\vec{b}\neq\vec{0}$ より，

$\vec{b}=k\vec{a}$ となるような実数kが存在すればよいから，

$(-5,\ y)=k(2,\ 4)$ すなわち，　$-5=2k,\ y=4k$

これを解いて，$k=-\dfrac{5}{2}$，$y=-10$　　　よって，　**$y=-10$**

問 18　$\vec{a}=(1,\ 3)$，$\vec{b}=(4,\ -2)$ のとき，次のベクトルを $s\vec{a}+t\vec{b}$ の形で表せ。

教科書 **p. 17**　(1)　$\vec{c}=(7,\ 7)$　　　　　　　　　(2)　$\vec{d}=(10,\ -12)$

ガイド　$s\vec{a}+t\vec{b}$ の成分を，「和，差，実数倍の成分」を使って計算し，s，t に関する連立方程式を作る。

解答　(1)　(1)　$\vec{c}=s\vec{a}+t\vec{b}$ とすると，

$$(7,\ 7)=s(1,\ 3)+t(4,\ -2)$$
$$=(s+4t,\ 3s-2t)$$

したがって，$\begin{cases} s+4t=7 & \cdots\cdots① \\ 3s-2t=7 & \cdots\cdots② \end{cases}$

①×3−② より，　　$14t=14$　　　$t=1$　……③

③を①に代入して，　$s+4=7$　　　$s=3$

よって，　**$\vec{c}=3\vec{a}+\vec{b}$**

(2)　$\vec{d}=s\vec{a}+t\vec{b}$ とすると，

$$(10,\ -12)=s(1,\ 3)+t(4,\ -2)$$
$$=(s+4t,\ 3s-2t)$$

したがって，$\begin{cases} s+4t=10 & \cdots\cdots① \\ 3s-2t=-12 & \cdots\cdots② \end{cases}$

①×3−② より，　　$14t=42$　　　$t=3$　……③

③を①に代入して，　$s+12=10$　　　$s=-2$

よって，　**$\vec{d}=-2\vec{a}+3\vec{b}$**

問 19　次の2点 A，B について，$\overrightarrow{AB}$ を成分で表せ。また，その大きさを求めよ。

教科書 **p. 18**　(1)　$A(3,\ 1)$，$B(-2,\ 4)$　　　　　(2)　$A(-2,\ 6)$，$B(1,\ 2)$

ガイド

ここがポイント ☞ [$\overrightarrow{AB}$ の成分と大きさ]

2点 $A(a_1,\ a_2)$，$B(b_1,\ b_2)$ について，
$$\overrightarrow{AB}=(b_1-a_1,\ b_2-a_2)$$
$$|\overrightarrow{AB}|=\sqrt{(b_1-a_1)^2+(b_2-a_2)^2}$$

解答▶

(1) $\overrightarrow{AB}=(-2,\ 4)-(3,\ 1)$
$=(-2-3,\ 4-1)$
$=(-5,\ 3)$
$|\overrightarrow{AB}|=\sqrt{(-5)^2+3^2}=\sqrt{34}$

(2) $\overrightarrow{AB}=(1,\ 2)-(-2,\ 6)$
$=(1+2,\ 2-6)$
$=(3,\ -4)$
$|\overrightarrow{AB}|=\sqrt{3^2+(-4)^2}=\sqrt{25}=5$

$\overrightarrow{AB}=(Bの座標)-(Aの座標)$
（後）−（前）と覚えよう！

問20 教科書18ページの例題2の3点 A, B, C に対して，四角形 ABEC が平行四辺形となるような点Eの座標を求めよ。

教科書 p.18

ガイド A$(-2,\ 1)$, B$(1,\ 0)$, C$(2,\ 4)$ に対して，「四角形 ABEC」とは，4点 A, B, E, C をこの順で結ぶと，四角形ができる，という意味である。

　四角形が平行四辺形になるための条件の1つ「1組の対辺（向かい合う辺）が平行でその長さが等しい」を，ベクトルを用いて表す。
$\overrightarrow{BE}=\overrightarrow{AC}$ は，BE∥AC かつ BE=AC であることを示している。

解答▶ 四角形 ABEC が平行四辺形となるのは，$\overrightarrow{BE}=\overrightarrow{AC}$ のときである。
　点Eの座標を $(x,\ y)$ とすると，
$\overrightarrow{BE}=(x-1,\ y-0)$
$=(x-1,\ y)$
$\overrightarrow{AC}=(2-(-2),\ 4-1)$
$=(4,\ 3)$
$\overrightarrow{BE}=\overrightarrow{AC}$ より，　$x-1=4,\ y=3$
これより，　$x=5,\ y=3$
よって，点Eの座標は，$(5,\ 3)$ である。

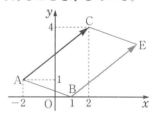

⚠注意 四角形が平行四辺形となる条件は，ベクトルを使うと簡単に表せるが，ベクトルの向きに注意する。$\overrightarrow{BE}=\overrightarrow{CA}$ とすると，右の図のように四角形 AEBC が平行四辺形となる。

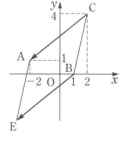

4 ベクトルの内積

問 21 $\vec{a}$ と $\vec{b}$ のなす角を θ とする。次の場合について、内積 $\vec{a}\cdot\vec{b}$ を求めよ。

教科書
p. 19

(1) $|\vec{a}|=1,\ |\vec{b}|=3,\ \theta=30°$

(2) $|\vec{a}|=\sqrt{2},\ |\vec{b}|=\sqrt{6},\ \theta=135°$

ガイド $\vec{0}$ でない2つのベクトル $\vec{a}$, $\vec{b}$ に対して、点Oを定め、$\vec{a}=\overrightarrow{OA}$, $\vec{b}=\overrightarrow{OB}$ となる点A, Bをとると、∠AOBの大きさ θ は、$\vec{a}$, $\vec{b}$ によって決まる。これを、**ベクトル $\vec{a}$ と $\vec{b}$ のなす角**という。ただし、$0°\leqq\theta\leqq180°$ とする。

なす角が θ のとき、$|\vec{a}||\vec{b}|\cos\theta$ を $\vec{a}$ と $\vec{b}$ の**内積**といい、$\vec{a}\cdot\vec{b}$ と表す。

> **ここがポイント** 👉 **[内積の定義]**
>
> $\vec{0}$ でない2つのベクトル $\vec{a}$, $\vec{b}$ のなす角を θ とすると、
> $$\vec{a}\cdot\vec{b}=|\vec{a}||\vec{b}|\cos\theta$$

$\vec{a}=\vec{0}$ または $\vec{b}=\vec{0}$ のときは、$\vec{a}\cdot\vec{b}=0$ と定める。
$\vec{a}=\vec{b}$ のときは、$\cos\theta=\cos0°=1$ であるから、$\vec{a}\cdot\vec{a}=|\vec{a}|^2$

解答 (1) $\vec{a}\cdot\vec{b}=|\vec{a}||\vec{b}|\cos30°$
$$=1\times3\times\frac{\sqrt{3}}{2}=\frac{3\sqrt{3}}{2}$$

(2) $\vec{a}\cdot\vec{b}=|\vec{a}||\vec{b}|\cos135°$
$$=\sqrt{2}\times\sqrt{6}\times\left(-\frac{1}{\sqrt{2}}\right)=-\sqrt{6}$$

⚠注意 内積は、その定義より、実数であり、ベクトルではない。

問 22 教科書20ページの例13において、次の内積を求めよ。

教科書
p. 20

(1) $\overrightarrow{AB}\cdot\overrightarrow{AC}$　　(2) $\overrightarrow{CA}\cdot\overrightarrow{BC}$　　(3) $\overrightarrow{AM}\cdot\overrightarrow{BC}$　　(4) $\overrightarrow{BM}\cdot\overrightarrow{CM}$

ガイド △ABMは、∠ABM=60°、∠BAM=30°、∠AMB=90° の直角三角形であるから、AB=2 より、BM=1、AM=$\sqrt{3}$
ベクトルを平行移動して、始点をそろえて考える。

(1)

(2)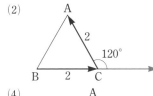

(3)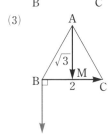

(4)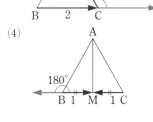

解答▶　(1)　$\overrightarrow{AB}\cdot\overrightarrow{AC}=|\overrightarrow{AB}||\overrightarrow{AC}|\cos 60°=2\times 2\times\dfrac{1}{2}=\mathbf{2}$

(2)　$\overrightarrow{CA}\cdot\overrightarrow{BC}=|\overrightarrow{CA}||\overrightarrow{BC}|\cos 120°=2\times 2\times\left(-\dfrac{1}{2}\right)=\mathbf{-2}$

(3)　$\overrightarrow{AM}\cdot\overrightarrow{BC}=|\overrightarrow{AM}||\overrightarrow{BC}|\cos 90°=\sqrt{3}\times 2\times 0=\mathbf{0}$

(4)　$\overrightarrow{BM}\cdot\overrightarrow{CM}=|\overrightarrow{BM}||\overrightarrow{CM}|\cos 180°=1\times 1\times(-1)=\mathbf{-1}$

┃プラスワン┃　$\vec{0}$ でない 2 つのベクトル $\vec{a}$, $\vec{b}$ のなす角が 90° のとき，$\vec{a}$ と $\vec{b}$
は**垂直**であるといい，$\vec{a}\perp\vec{b}$ と表す。$\cos 90°=0$ である。

> **ポイント プラス**👉 **[ベクトルの垂直と内積]**
> $\vec{a}\neq\vec{0}$, $\vec{b}\neq\vec{0}$ のとき，
> $$\vec{a}\perp\vec{b}\iff\vec{a}\cdot\vec{b}=0$$

✓問 23　次の 2 つのベクトル $\vec{a}$, $\vec{b}$ の内積 $\vec{a}\cdot\vec{b}$ を求めよ。

教科書
p.22　(1)　$\vec{a}=(-1,\ 2)$, $\vec{b}=(4,\ 3)$　　　(2)　$\vec{a}=(3,\ 2)$, $\vec{b}=(-2,\ 3)$

ガイド
> **ここがポイント**👉 **[内積と成分]**
> $\vec{a}=(a_1,\ a_2)$, $\vec{b}=(b_1,\ b_2)$ のとき，
> $$\vec{a}\cdot\vec{b}=a_1 b_1+a_2 b_2$$

$\vec{a}=\vec{0}$ または $\vec{b}=\vec{0}$ のときも，この式は成り立つ。

解答▶　(1)　$\vec{a}\cdot\vec{b}=(-1)\times 4+2\times 3=\mathbf{2}$

(2)　$\vec{a}\cdot\vec{b}=3\times(-2)+2\times 3=\mathbf{0}$

問 24 次の2つのベクトル $\vec{a}$, $\vec{b}$ のなす角 θ を求めよ。

教科書
p.22

(1) $\vec{a}=(2,\ 1)$, $\vec{b}=(1,\ 3)$ 　　　　(2) $\vec{a}=(-3,\ 4)$, $\vec{b}=(4,\ 3)$

(3) $\vec{a}=(-2,\ 0)$, $\vec{b}=(3,\ -\sqrt{3})$

ガイド

ここがポイント ☞ ［ベクトルのなす角］

$\vec{0}$ でない2つのベクトル $\vec{a}=(a_1,\ a_2)$, $\vec{b}=(b_1,\ b_2)$ のなす角
を θ とすると，$0°\leqq\theta\leqq180°$ であり，

$$\cos\theta=\frac{\vec{a}\cdot\vec{b}}{|\vec{a}||\vec{b}|}=\frac{a_1b_1+a_2b_2}{\sqrt{a_1{}^2+a_2{}^2}\sqrt{b_1{}^2+b_2{}^2}}$$

$\vec{a}\cdot\vec{b}$, $|\vec{a}|$, $|\vec{b}|$ の順に成分で計算し，$\cos\theta$ の値を求める。

解答

(1) $\vec{a}\cdot\vec{b}=2\times1+1\times3=5$

$|\vec{a}|=\sqrt{2^2+1^2}=\sqrt{5}$

$|\vec{b}|=\sqrt{1^2+3^2}=\sqrt{10}$

よって，$\cos\theta=\dfrac{\vec{a}\cdot\vec{b}}{|\vec{a}||\vec{b}|}=\dfrac{5}{\sqrt{5}\times\sqrt{10}}=\dfrac{1}{\sqrt{2}}$

$0°\leqq\theta\leqq180°$ より，　$\theta=\mathbf{45°}$

(2) $\vec{a}\cdot\vec{b}=(-3)\times4+4\times3=0$

$|\vec{a}|=\sqrt{(-3)^2+4^2}=\sqrt{25}=5$

$|\vec{b}|=\sqrt{4^2+3^2}=\sqrt{25}=5$

よって，$\cos\theta=\dfrac{\vec{a}\cdot\vec{b}}{|\vec{a}||\vec{b}|}=\dfrac{0}{5\times5}=0$

$0°\leqq\theta\leqq180°$ より，　$\theta=\mathbf{90°}$

(3) $\vec{a}\cdot\vec{b}=(-2)\times3+0\times(-\sqrt{3})=-6$

$|\vec{a}|=\sqrt{(-2)^2+0^2}=\sqrt{4}=2$

$|\vec{b}|=\sqrt{3^2+(-\sqrt{3})^2}=\sqrt{12}=2\sqrt{3}$

よって，$\cos\theta=\dfrac{\vec{a}\cdot\vec{b}}{|\vec{a}||\vec{b}|}=\dfrac{-6}{2\times2\sqrt{3}}=-\dfrac{\sqrt{3}}{2}$

$0°\leqq\theta\leqq180°$ より，　$\theta=\mathbf{150°}$

問 25 $\vec{a}=(-2,\ 5)$ と $\vec{b}=(4,\ y)$ が垂直となるように，y の値を定めよ。

教科書
p.23

ガイド $\vec{a}\neq\vec{0}$, $\vec{b}\neq\vec{0}$ のとき，　　$\vec{a}\perp\vec{b}\iff\vec{a}\cdot\vec{b}=0$

ここがポイント☞ [成分表示によるベクトルの垂直と内積]

$\vec{a}\neq\vec{0},\ \vec{b}\neq\vec{0}$ で，$\vec{a}=(a_1,\ a_2)$，$\vec{b}=(b_1,\ b_2)$ のとき，

$$\vec{a}\perp\vec{b}\iff a_1b_1+a_2b_2=0$$

解答▶ $\vec{a}\neq\vec{0},\ \vec{b}\neq\vec{0}$ より，$\vec{a}\cdot\vec{b}=-2\times4+5\times y=5y-8=0$ であるから，

$y=\dfrac{8}{5}$

問 26 $\vec{a}=(1,\ 3)$ に垂直で，大きさが $\sqrt{5}$ のベクトル $\vec{b}$ を求めよ。

教科書 p.23

ガイド $\vec{b}=(x,\ y)$ として，2つの条件　$\vec{a}\perp\vec{b}$，$|\vec{b}|=\sqrt{5}$

をそれぞれ満たす方程式をつくり，x，y の値を求める。

解答▶ $\vec{b}=(x,\ y)$ とする。

$\vec{a}\perp\vec{b}$ より $\vec{a}\cdot\vec{b}=0$ であるから，　$x+3y=0$ ……①

$|\vec{b}|=\sqrt{5}$ より $|\vec{b}|^2=(\sqrt{5})^2$ であるから，　$x^2+y^2=5$ ……②

①より，$x=-3y$ これを②に代入して，$(-3y)^2+y^2=5$

これを解いて，　$y=\pm\dfrac{\sqrt{2}}{2}$

①より，$y=\dfrac{\sqrt{2}}{2}$ のとき，$x=-3\times\dfrac{\sqrt{2}}{2}=-\dfrac{3\sqrt{2}}{2}$

$y=-\dfrac{\sqrt{2}}{2}$ のとき，$x=-3\times\left(-\dfrac{\sqrt{2}}{2}\right)=\dfrac{3\sqrt{2}}{2}$

よって，　$\vec{b}=\left(-\dfrac{3\sqrt{2}}{2},\ \dfrac{\sqrt{2}}{2}\right),\ \left(\dfrac{3\sqrt{2}}{2},\ -\dfrac{\sqrt{2}}{2}\right)$

⚠注意 $\vec{p}=(3,\ -1)$ とすると，$\vec{p}\cdot\vec{a}=3\times1+(-1)\times3=0$ であるから，$\vec{p}$ は $\vec{a}$ と垂直なベクトルの1つである。$|\vec{p}|=\sqrt{10}=\sqrt{2}\,|\vec{b}|$ より，

$\vec{b}=\dfrac{1}{\sqrt{2}}\vec{p}=\left(\dfrac{3}{\sqrt{2}},\ -\dfrac{1}{\sqrt{2}}\right)$ または，$-\dfrac{1}{\sqrt{2}}\vec{p}=\left(-\dfrac{3}{\sqrt{2}},\ \dfrac{1}{\sqrt{2}}\right)$

問 27 教科書24ページ ③(1) の証明にならって，次の ②，③(2)，④ を証明せよ。

教科書 p.24

ガイド ベクトルの内積について，次の性質が成り立つ。

ここがポイント 🖚 ［内積の性質］

$\boxed{1}$ $\vec{a}\cdot\vec{a}=|\vec{a}|^2$

$\boxed{2}$ $\vec{a}\cdot\vec{b}=\vec{b}\cdot\vec{a}$ 　　　　　　交換法則

$\boxed{3}$ (1)　$\vec{a}\cdot(\vec{b}+\vec{c})=\vec{a}\cdot\vec{b}+\vec{a}\cdot\vec{c}$ 　　　分配法則

　　 (2)　$(\vec{a}+\vec{b})\cdot\vec{c}=\vec{a}\cdot\vec{c}+\vec{b}\cdot\vec{c}$

$\boxed{4}$ $(k\vec{a})\cdot\vec{b}=\vec{a}\cdot(k\vec{b})=k(\vec{a}\cdot\vec{b})$ 　（k は実数）

成分で表して証明する。

解答▶ $\vec{a}=(a_1,\ a_2)$, $\vec{b}=(b_1,\ b_2)$, $\vec{c}=(c_1,\ c_2)$ とおく。

$\boxed{2}$ 　$\vec{a}\cdot\vec{b}=a_1b_1+a_2b_2=b_1a_1+b_2a_2=\vec{b}\cdot\vec{a}$

$\boxed{3}$ 　(2)　$\vec{a}+\vec{b}=(a_1+b_1,\ a_2+b_2)$ であるから,

$$(\vec{a}+\vec{b})\cdot\vec{c}=(a_1+b_1)c_1+(a_2+b_2)c_2$$
$$=(a_1c_1+a_2c_2)+(b_1c_1+b_2c_2)=\vec{a}\cdot\vec{c}+\vec{b}\cdot\vec{c}$$

$\boxed{4}$ 　$k\vec{a}=(ka_1,\ ka_2)$, $k\vec{b}=(kb_1,\ kb_2)$ であるから,

$$(k\vec{a})\cdot\vec{b}=(ka_1)b_1+(ka_2)b_2$$
$$=k(a_1b_1+a_2b_2)=k(\vec{a}\cdot\vec{b})$$
$$\vec{a}\cdot(k\vec{b})=a_1(kb_1)+a_2(kb_2)$$
$$=k(a_1b_1+a_2b_2)=k(\vec{a}\cdot\vec{b})$$

よって,　$(k\vec{a})\cdot\vec{b}=\vec{a}\cdot(k\vec{b})=k(\vec{a}\cdot\vec{b})$

⚠注意 同様にして, $\vec{a}\cdot(\vec{b}-\vec{c})=\vec{a}\cdot\vec{b}-\vec{a}\cdot\vec{c}$, $(\vec{a}-\vec{b})\cdot\vec{c}=\vec{a}\cdot\vec{c}-\vec{b}\cdot\vec{c}$ も成り立つ。また, $\boxed{4}$が成り立つから, $k(\vec{a}\cdot\vec{b})$ を $k\vec{a}\cdot\vec{b}$ と表してもよい。

／問 28 次の等式を証明せよ。

教科書 **p.24**

(1)　$|\vec{a}+\vec{b}|^2=|\vec{a}|^2+2\vec{a}\cdot\vec{b}+|\vec{b}|^2$

(2)　$|3\vec{a}-2\vec{b}|^2=9|\vec{a}|^2-12\vec{a}\cdot\vec{b}+4|\vec{b}|^2$

- -

ガイド 内積の性質$\boxed{1}$を, $|\vec{a}|^2=\vec{a}\cdot\vec{a}$ として, $|\vec{a}+\vec{b}|^2=(\vec{a}+\vec{b})\cdot(\vec{a}+\vec{b})$ のように使い, 左辺を内積の形で表してから, $\boxed{1}$～$\boxed{4}$を繰り返し使って変形し, 右辺を導く。

解答▶ (1)　$|\vec{a}+\vec{b}|^2=(\vec{a}+\vec{b})\cdot(\vec{a}+\vec{b})$
$$=\vec{a}\cdot(\vec{a}+\vec{b})+\vec{b}\cdot(\vec{a}+\vec{b})$$
$$=\vec{a}\cdot\vec{a}+\vec{a}\cdot\vec{b}+\vec{b}\cdot\vec{a}+\vec{b}\cdot\vec{b}$$
$$=|\vec{a}|^2+2\vec{a}\cdot\vec{b}+|\vec{b}|^2$$

$\vec{a}\cdot\vec{a}=|\vec{a}|^2$ はよく使うので, しっかり覚えよう！

(2)　$|3\vec{a}-2\vec{b}|^2=(3\vec{a}-2\vec{b})\cdot(3\vec{a}-2\vec{b})$

$\qquad\qquad=3\vec{a}\cdot(3\vec{a}-2\vec{b})-2\vec{b}\cdot(3\vec{a}-2\vec{b})$

$\qquad\qquad=9\vec{a}\cdot\vec{a}-6\vec{a}\cdot\vec{b}-6\vec{b}\cdot\vec{a}+4\vec{b}\cdot\vec{b}$

$\qquad\qquad=9|\vec{a}|^2-12\vec{a}\cdot\vec{b}+4|\vec{b}|^2$

テクニック 内積の計算は，乗法公式と対応させるとわかりやすい。

$(\vec{a}+\vec{b})\cdot(\vec{a}+\vec{b})=|\vec{a}|^2+2\vec{a}\cdot\vec{b}+|\vec{b}|^2 \longleftrightarrow (a+b)^2=a^2+2ab+b^2$

$(\vec{a}+\vec{b})\cdot(\vec{a}-\vec{b})=|\vec{a}|^2-|\vec{b}|^2 \qquad\longleftrightarrow (a+b)(a-b)=a^2-b^2$

問 29 $|\vec{a}|=1$, $|\vec{b}|=3$, $|\vec{a}+\vec{b}|=\sqrt{6}$ のとき，$\vec{a}\cdot\vec{b}$ の値を求めよ。

教科書 **p.25**

ガイド $|\vec{a}+\vec{b}|^2=(\vec{a}+\vec{b})\cdot(\vec{a}+\vec{b})$ の右辺を計算する。

解答 $\qquad |\vec{a}+\vec{b}|^2=(\vec{a}+\vec{b})\cdot(\vec{a}+\vec{b})$

$\qquad\qquad\qquad=\vec{a}\cdot(\vec{a}+\vec{b})+\vec{b}\cdot(\vec{a}+\vec{b})$

$\qquad\qquad\qquad=\vec{a}\cdot\vec{a}+\vec{a}\cdot\vec{b}+\vec{b}\cdot\vec{a}+\vec{b}\cdot\vec{b}$

$\qquad\qquad\qquad=|\vec{a}|^2+2\vec{a}\cdot\vec{b}+|\vec{b}|^2$

$|\vec{a}|=1$, $|\vec{b}|=3$, $|\vec{a}+\vec{b}|=\sqrt{6}$ であるから，

$\qquad (\sqrt{6})^2=1^2+2\vec{a}\cdot\vec{b}+3^2 \qquad 6=1+2\vec{a}\cdot\vec{b}+9$

よって，$\quad \vec{a}\cdot\vec{b}=-2$

参考　三角形の面積

問 1 座標平面上で，次の3点を頂点とする三角形の面積を求めよ。

教科書 **p.26**

(1)　O(0, 0), A(1, 3), B(2, 5)

(2)　A(1, 1), B(-2, 3), C(3, -3)

ガイド

ここがポイント 🖝 **[三角形の面積]**

$\overrightarrow{OA}=\vec{a}$, $\overrightarrow{OB}=\vec{b}$ のとき，$\triangle OAB$ の

面積Sは $\qquad S=\dfrac{1}{2}\sqrt{|\vec{a}|^2|\vec{b}|^2-(\vec{a}\cdot\vec{b})^2}$

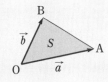

$\vec{a}=(a_1,\ a_2)$, $\vec{b}=(b_1,\ b_2)$ のとき，

面積 S を成分で表すと，

$$S=\frac{1}{2}|a_1b_2-a_2b_1|$$

$a_1b_2-a_2b_1$ は，
$(a_1,\ a_2)(b_1,\ b_2)$
の外側どうし，内側どうし
の積の差だね。

解答 (1) $\vec{a}=\overrightarrow{OA}=(1,\ 3)$, $\vec{b}=\overrightarrow{OB}=(2,\ 5)$

であるから，　$S=\dfrac{1}{2}|1\times5-3\times2|=\dfrac{1}{2}$

(2) $\vec{a}=\overrightarrow{AB}=(-2-1,\ 3-1)=(-3,\ 2)$,

$\vec{b}=\overrightarrow{AC}=(3-1,\ -3-1)=(2,\ -4)$ であるから，

$$S=\frac{1}{2}|-3\times(-4)-2\times2|=4$$

節末問題 ｜ 第1節　ベクトルとその演算

1

教科書 **p.27**

平行四辺形 ABCD の対角線の交点を O とし，$\overrightarrow{OA}=\vec{a}$, $\overrightarrow{OB}=\vec{b}$ とするとき，次のベクトルを $\vec{a}$, $\vec{b}$ を用いて表せ。

(1) $\overrightarrow{AB}$ 　　　　　(2) $\overrightarrow{BC}$

(3) $\overrightarrow{BD}$ 　　　　　(4) $\overrightarrow{CD}-\overrightarrow{AD}$

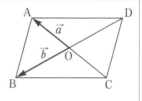

ガイド 各有向線分を，$\overrightarrow{OA}=\vec{a}$, $\overrightarrow{OB}=\vec{b}$ の和，差，実数倍で表す。

また，平行四辺形の対角線はそれぞれの中点で交わるから，

$\overrightarrow{OC}=-\vec{a}$, $\overrightarrow{OD}=-\vec{b}$ である。

解答 (1) $\overrightarrow{AB}=\overrightarrow{OB}-\overrightarrow{OA}=\boldsymbol{\vec{b}-\vec{a}}$

(2) $\overrightarrow{OC}=-\vec{a}$ であるから，　$\overrightarrow{BC}=\overrightarrow{OC}-\overrightarrow{OB}=\boldsymbol{-\vec{a}-\vec{b}}$

(3) $\overrightarrow{BD}=2\overrightarrow{BO}=-2\overrightarrow{OB}=\boldsymbol{-2\vec{b}}$

(4) $\overrightarrow{CD}-\overrightarrow{AD}=\overrightarrow{CD}+\overrightarrow{DA}=\overrightarrow{CA}=2\overrightarrow{OA}=\boldsymbol{2\vec{a}}$

2

教科書 **p.27**

$\vec{a}+\vec{b}=(3,\ 5)$, $\vec{a}-\vec{b}=(-1,\ -7)$ のとき，次のものを求めよ。

(1) $\vec{a}$, $\vec{b}$ の成分 　　　　　(2) $|\vec{a}|$, $|\vec{b}|$

(3) $\vec{a}$ と同じ向きの単位ベクトル

ガイド (1) $\vec{a}$ と $\vec{b}$ についての連立方程式を解くと考える。

(3) $\vec{a}$ と同じ向きの単位ベクトルは，　$\dfrac{1}{|\vec{a}|}\vec{a}$

解答▶ (1) $\vec{a}+\vec{b}=(3,\ 5)$　　……①
$\vec{a}-\vec{b}=(-1,\ -7)$　　……②　とすると，

①+②より，　$2\vec{a}=(2,\ -2)$

よって，　$\vec{a}=(1,\ -1)$

①−②より，　$2\vec{b}=(4,\ 12)$

よって，　$\vec{b}=(2,\ 6)$

(2) $|\vec{a}|=\sqrt{1^2+(-1)^2}=\sqrt{2}$

$|\vec{b}|=\sqrt{2^2+6^2}=\sqrt{40}=2\sqrt{10}$

(3) (1), (2)より，　$\dfrac{1}{|\vec{a}|}\vec{a}=\dfrac{1}{\sqrt{2}}(1,\ -1)=\dfrac{\sqrt{2}}{2}(1,\ -1)$

$=\left(\dfrac{\sqrt{2}}{2},\ -\dfrac{\sqrt{2}}{2}\right)$

3
教科書 **p.27**

AB＝2 である正六角形 ABCDEF において，次の内積を求めよ。

(1) $\overrightarrow{AB}\cdot\overrightarrow{AF}$　　(2) $\overrightarrow{AB}\cdot\overrightarrow{AD}$

(3) $\overrightarrow{AB}\cdot\overrightarrow{DE}$　　(4) $\overrightarrow{AC}\cdot\overrightarrow{CE}$

(5) $\overrightarrow{AD}\cdot\overrightarrow{BE}$　　(6) $\overrightarrow{AD}\cdot\overrightarrow{FB}$

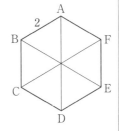

ガイド (4) AC は，1辺の長さが2の正三角形の高さの2倍に等しく，

$$AC=\frac{\sqrt{3}}{2}AB\times2=2\sqrt{3}$$

解答▶ (1) $\overrightarrow{AB}\cdot\overrightarrow{AF}=|\overrightarrow{AB}||\overrightarrow{AF}|\cos120°=2\times2\times\left(-\dfrac{1}{2}\right)=-2$

(2) $\overrightarrow{AB}\cdot\overrightarrow{AD}=|\overrightarrow{AB}||\overrightarrow{AD}|\cos60°=2\times4\times\dfrac{1}{2}=4$

(3) $\overrightarrow{AB}\cdot\overrightarrow{DE}=|\overrightarrow{AB}||\overrightarrow{DE}|\cos180°=2\times2\times(-1)=-4$

(4) $\overrightarrow{AC}\cdot\overrightarrow{CE}=|\overrightarrow{AC}||\overrightarrow{CE}|\cos120°$

$=2\sqrt{3}\times2\sqrt{3}\times\left(-\dfrac{1}{2}\right)=-6$

(5) $\overrightarrow{AD}\cdot\overrightarrow{BE}=|\overrightarrow{AD}||\overrightarrow{BE}|\cos60°$

$=4\times4\times\dfrac{1}{2}=8$

(6) AD は，二等辺三角形 ABF の頂角 ∠A の二等分線であるから，
AD⊥BF　　よって，　$\overrightarrow{AD}\cdot\overrightarrow{FB}=0$

☐ **4**
教科書
p.27
$\vec{a}=(1,\ 2)$，$\vec{b}=(3,\ 1)$ で，$\vec{c}=\vec{a}+t\vec{b}$ とするとき，次の問いに答えよ。
ただし，t は実数とする。
(1) $|\vec{c}|$ の最小値と，そのときの t の値を求めよ。
(2) (1)で求めた t の値を t_0 とすると，$\vec{c_0}=\vec{a}+t_0\vec{b}$ は $\vec{b}$ と垂直であることを示せ。

ガイド (1) $|\vec{c}|^2$ は t の2次式になる。平方完成して最小値を調べる。
(2) $\vec{c_0}\cdot\vec{b}=0$ を示す。

解答 (1) $\vec{c}=(1,\ 2)+t(3,\ 1)=(1+3t,\ 2+t)$
であるから，
$$|\vec{c}|^2=(1+3t)^2+(2+t)^2=10t^2+10t+5$$
$$=10\left(t+\frac{1}{2}\right)^2+\frac{5}{2}$$

したがって，$|\vec{c}|^2$ は，$t=-\dfrac{1}{2}$ のとき最小値 $\dfrac{5}{2}$ をとる。

よって，

$|\vec{c}|$ **の最小値は，** $\sqrt{\dfrac{5}{2}}=\dfrac{\sqrt{10}}{2}$　　t **の値は，** $t=-\dfrac{1}{2}$

(2) $t_0=-\dfrac{1}{2}$ より，　$\vec{c_0}=(1,\ 2)-\dfrac{1}{2}(3,\ 1)=\left(-\dfrac{1}{2},\ \dfrac{3}{2}\right)$

したがって，　$\vec{c_0}\cdot\vec{b}=-\dfrac{1}{2}\times3+\dfrac{3}{2}\times1=0$
$\vec{c_0}\neq\vec{0}$，$\vec{b}\neq\vec{0}$ であるから，$\vec{c_0}$ と $\vec{b}$ は垂直である。

⚠注意 $\overrightarrow{OA}=\vec{a}$，$\overrightarrow{OB}=\vec{b}$，$\vec{c}=\overrightarrow{OC}$ とすると，
右の図のように，点Cは，Aを通り $\overrightarrow{OB}$
に平行な直線上を動くから，$\overrightarrow{OC}\perp\overrightarrow{AC}$，
または，$\overrightarrow{OC}\perp\overrightarrow{OB}$ のとき，$|\overrightarrow{OC}|$ は最
小になる。

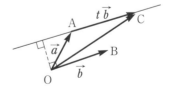

☐ **5**
教科書
p.27
$\vec{0}$ でない2つのベクトル $\vec{a}$，$\vec{b}$ に対して，次のことを証明せよ。
$$\vec{a}\perp\vec{b} \iff |\vec{a}+\vec{b}|=|\vec{a}-\vec{b}|$$

ガイド (i) $\vec{a}\perp\vec{b} \implies |\vec{a}+\vec{b}|=|\vec{a}-\vec{b}|$

(ii) $|\vec{a}+\vec{b}|=|\vec{a}-\vec{b}| \implies \vec{a}\perp\vec{b}$

の両方を証明する。

(i)は，$\vec{a}\cdot\vec{b}=0$ を用いて，$|\vec{a}+\vec{b}|^2=|\vec{a}-\vec{b}|^2$ を示す。

(ii)は，$|\vec{a}+\vec{b}|=|\vec{a}-\vec{b}|$ の両辺を2乗して，$\vec{a}\cdot\vec{b}=0$ を示す。

解答 (i) $\vec{a}\perp\vec{b}$ のとき，$\vec{a}\cdot\vec{b}=0$

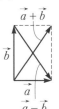

このとき，

$|\vec{a}+\vec{b}|^2=|\vec{a}|^2+2\vec{a}\cdot\vec{b}+|\vec{b}|^2=|\vec{a}|^2+|\vec{b}|^2$

$|\vec{a}-\vec{b}|^2=|\vec{a}|^2-2\vec{a}\cdot\vec{b}+|\vec{b}|^2=|\vec{a}|^2+|\vec{b}|^2$

よって，　$|\vec{a}+\vec{b}|^2=|\vec{a}-\vec{b}|^2$

$|\vec{a}+\vec{b}|\geqq0$, $|\vec{a}-\vec{b}|\geqq0$ であるから，

$$|\vec{a}+\vec{b}|=|\vec{a}-\vec{b}|$$

したがって，$\vec{a}\perp\vec{b} \implies |\vec{a}+\vec{b}|=|\vec{a}-\vec{b}|$

(ii) 逆に，$|\vec{a}+\vec{b}|=|\vec{a}-\vec{b}|$ のとき，両辺を2乗すると，

$|\vec{a}+\vec{b}|^2=|\vec{a}-\vec{b}|^2$

$|\vec{a}|^2+2\vec{a}\cdot\vec{b}+|\vec{b}|^2=|\vec{a}|^2-2\vec{a}\cdot\vec{b}+|\vec{b}|^2$

$4\vec{a}\cdot\vec{b}=0$ より，　$\vec{a}\cdot\vec{b}=0$

$\vec{a}\neq\vec{0}$, $\vec{b}\neq\vec{0}$ であるから，　$\vec{a}\perp\vec{b}$

したがって，$|\vec{a}+\vec{b}|=|\vec{a}-\vec{b}| \implies \vec{a}\perp\vec{b}$

(i)，(ii)より，$\vec{0}$ でない2つのベクトル $\vec{a}$, $\vec{b}$ に対して，

$$\vec{a}\perp\vec{b} \iff |\vec{a}+\vec{b}|=|\vec{a}-\vec{b}|$$

☐ **6**
教科書
p.27 $|\vec{a}|=3$, $|\vec{b}|=2$ で，$\vec{a}+\vec{b}$ と $\vec{a}-6\vec{b}$ が垂直となるように，$\vec{a}$ と $\vec{b}$ のなす角 θ を定めよ。

ガイド $\vec{a}\neq\vec{0}$, $\vec{b}\neq\vec{0}$ のとき，$\vec{a}\perp\vec{b} \iff \vec{a}\cdot\vec{b}=0$

解答 $|\vec{a}|=3$, $|\vec{b}|=2$ より，$\vec{a}+\vec{b}\neq\vec{0}$, $\vec{a}-6\vec{b}\neq\vec{0}$ であるから，

$\vec{a}+\vec{b}$ と $\vec{a}-6\vec{b}$ が垂直であるためには，$(\vec{a}+\vec{b})\cdot(\vec{a}-6\vec{b})=0$ であればよい。

よって，$|\vec{a}|^2-5\vec{a}\cdot\vec{b}-6|\vec{b}|^2=0$

$3^2-5\times3\times2\times\cos\theta-6\times2^2=0$

$$\cos\theta=-\frac{1}{2}$$

$0°\leqq\theta\leqq180°$ より，　$\theta=\mathbf{120°}$

第2節　ベクトルと図形

1 位置ベクトル

問 30　2点 A($\vec{a}$), B($\vec{b}$) に対して，線分 AB を次の比に内分する点および外
教科書
p.29　分する点の位置ベクトルをそれぞれ $\vec{a}$, $\vec{b}$ を用いて表せ。
(1) 3 : 1 　　　　　　　　　　(2) 2 : 5

- -

ガイド　平面上で，基準となる点を任意にとり，その点を

O とすると，この平面上の点 A の位置は，

$$\overrightarrow{OA}=\vec{a}$$

というベクトル $\vec{a}$ で定まる。

　　　この $\vec{a}$ を，点 O に関する点 A の**位置ベクトル**という。

　　　また，位置ベクトルが $\vec{a}$ である点 A を，A($\vec{a}$) と表す。

　　　線分の分点の位置ベクトルは，次のようになる。

> **ここがポイント**
>
> **[線分を内分する点，外分する点の位置ベクトル]**
>
> 　2点 A($\vec{a}$), B($\vec{b}$) に対して，線分 AB を
>
> $m : n$ に内分する点を P($\vec{p}$) とすると，　　$\vec{p}=\dfrac{n\vec{a}+m\vec{b}}{m+n}$
>
> $m : n$ に外分する点を Q($\vec{q}$) とすると，　　$\vec{q}=\dfrac{-n\vec{a}+m\vec{b}}{m-n}$
>
> とくに，線分 AB の中点 M を M($\vec{m}$) とすると，　　$\vec{m}=\dfrac{\vec{a}+\vec{b}}{2}$

解答　内分する点，外分する点の位置ベクトルをそれぞれ $\vec{p}$, $\vec{q}$ とする。

(1) $\vec{p}=\dfrac{\vec{a}+3\vec{b}}{3+1}=\dfrac{\vec{a}+3\vec{b}}{4}$

　　$\vec{q}=\dfrac{-\vec{a}+3\vec{b}}{3-1}=\dfrac{-\vec{a}+3\vec{b}}{2}$

(2) $\vec{p}=\dfrac{5\vec{a}+2\vec{b}}{2+5}=\dfrac{5\vec{a}+2\vec{b}}{7}$

　　$\vec{q}=\dfrac{-5\vec{a}+2\vec{b}}{2-5}=\dfrac{-5\vec{a}+2\vec{b}}{-3}=\dfrac{5\vec{a}-2\vec{b}}{3}$

2 位置ベクトルと図形

問 31

教科書
p.31

平行四辺形 OABC において，辺 OA の中点を D，対角線 OB を $2:5$ に内分する点を E，辺 OC を $2:1$ に内分する点を F とする。このとき，3 点 D，E，F は一直線上にあることを証明せよ。

ガイド

ここがポイント ☞ ［一直線上にある 3 点］

2 点 A，B が異なるとき，

点 P が直線 AB 上にある

$\iff \overrightarrow{AP}=k\overrightarrow{AB}$ **となる実数 k がある**

本問では，$\overrightarrow{DF}=k\overrightarrow{DE}$ となる実数 k があることを示せばよい。

解答 $\overrightarrow{OA}=\vec{a}$，$\overrightarrow{OC}=\vec{c}$ とすると，

$$\overrightarrow{OD}=\frac{1}{2}\vec{a},$$

$$\overrightarrow{OE}=\frac{2}{7}\overrightarrow{OB}=\frac{2}{7}(\vec{a}+\vec{c})$$

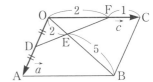

また，$\overrightarrow{OF}=\frac{2}{3}\vec{c}$ であるから，

$$\overrightarrow{DE}=\overrightarrow{OE}-\overrightarrow{OD}=\frac{2}{7}(\vec{a}+\vec{c})-\frac{1}{2}\vec{a}=\frac{1}{14}(-3\vec{a}+4\vec{c})$$

$$\overrightarrow{DF}=\overrightarrow{OF}-\overrightarrow{OD}=\frac{2}{3}\vec{c}-\frac{1}{2}\vec{a}=\frac{1}{6}(-3\vec{a}+4\vec{c})$$

よって，　$\overrightarrow{DF}=\frac{14}{6}\overrightarrow{DE}=\frac{7}{3}\overrightarrow{DE}$

したがって，3 点 D，E，F は一直線上にある。

⚠注意 位置ベクトルでは，とくに断らない限り，基準となる点 O の具体的な位置は問題にしない。

問 32

教科書
p.32

△OAB において，辺 OA の中点を M，辺 OB を $2:1$ に内分する点を N，線分 AN と BM の交点を P とする。このとき，$\overrightarrow{OP}$ を $\overrightarrow{OA}=\vec{a}$，$\overrightarrow{OB}=\vec{b}$ を用いて表せ。

ガイド　点Pは線分 AN と BM の交点であるから，△OAN と △OBM に着目する。辺 AN，BM それぞれの内分点をPとして，$\overrightarrow{OP}$ を $\vec{a}$，$\vec{b}$ を用いて2通りの方法で表し，次のことを利用する。

$\vec{a} \neq \vec{0}$，$\vec{b} \neq \vec{0}$ で，$\vec{a}$ と $\vec{b}$ が平行でないとき，

$$s\vec{a} + t\vec{b} = s'\vec{a} + t'\vec{b} \iff s = s',\ t = t' \quad (s,\ s',\ t,\ t'\ は実数)$$

また，一般に，線分を $m:n$ に分けるとき，全体を1と考えると，実数 t を用いて，$m:n = t:(1-t)$ と表せる。

解答　AP : PN = s : $(1-s)$，
BP : PM = t : $(1-t)$ とおくと，

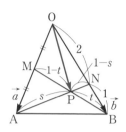

$$\overrightarrow{OP} = (1-s)\overrightarrow{OA} + s\overrightarrow{ON}$$
$$= (1-s)\vec{a} + \frac{2}{3}s\vec{b} \quad \cdots\cdots ①$$
$$\overrightarrow{OP} = (1-t)\overrightarrow{OB} + t\overrightarrow{OM}$$
$$= \frac{1}{2}t\vec{a} + (1-t)\vec{b} \quad \cdots\cdots ②$$

①，②より，$\quad (1-s)\vec{a} + \dfrac{2}{3}s\vec{b} = \dfrac{1}{2}t\vec{a} + (1-t)\vec{b}$

ここで，$\vec{a} \neq \vec{0}$，$\vec{b} \neq \vec{0}$ で，$\vec{a}$ と $\vec{b}$ は平行でないから，

$1-s = \dfrac{1}{2}t$，$\dfrac{2}{3}s = 1-t$　　これを解いて，$\quad s = \dfrac{3}{4}$，$t = \dfrac{1}{2}$

よって，$\quad \overrightarrow{OP} = \dfrac{1}{4}\vec{a} + \dfrac{1}{2}\vec{b}$

問 33
教科書 **p.33**
ひし形 ABCD の対角線 AC，BD が垂直であることを，内積を用いて証明せよ。

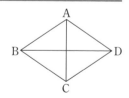

- -

ガイド　ひし形は4辺の長さが等しい四角形であり，平行四辺形でもある。したがって，$|\overrightarrow{AB}| = |\overrightarrow{AD}|$　また，$\overrightarrow{AC} = \overrightarrow{AB} + \overrightarrow{AD}$ である。

AC⊥BD を示すには，「内積の性質」と，次の「ベクトルの垂直と内積」を利用する。

$$\vec{a} \neq \vec{0},\ \vec{b} \neq \vec{0}\ のとき，\vec{a} \perp \vec{b} \iff \vec{a} \cdot \vec{b} = 0$$

第
1
章

ベクトル

解答▶ ひし形 ABCD において,
$$\overrightarrow{AB}=\vec{b},\quad \overrightarrow{AD}=\vec{d}$$
とすると,　$|\overrightarrow{AB}|=|\overrightarrow{AD}|$ より,　$|\vec{b}|=|\vec{d}|$

また,　$\overrightarrow{AC}=\overrightarrow{AB}+\overrightarrow{AD}=\vec{b}+\vec{d}$,
$$\overrightarrow{BD}=\overrightarrow{AD}-\overrightarrow{AB}=\vec{d}-\vec{b}$$

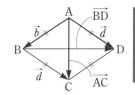

したがって,
$$\overrightarrow{AC}\cdot\overrightarrow{BD}=(\vec{b}+\vec{d})\cdot(\vec{d}-\vec{b})$$
$$=|\vec{d}|^2-|\vec{b}|^2$$
$$=0$$

$\overrightarrow{AC}\neq\vec{0}$,　$\overrightarrow{BD}\neq\vec{0}$ であるから,　$AC\perp BD$

よって,　ひし形 ABCD の対角線 AC, BD は垂直である。

▨問 **34**　△ABC において,　辺 BC の中点を M とするとき,

教科書
p.33
$$AB^2+AC^2=2(AM^2+BM^2)$$
が成り立つことを,内積を用いて証明せよ。

- -

ガイド　$\overrightarrow{AB}=\vec{b}$,　$\overrightarrow{AC}=\vec{c}$ として,与えられた等式の左辺と右辺をそれぞれ $\vec{b}$ と $\vec{c}$ で表し,左辺と右辺が等しくなることを示す。

「内積の性質」を使って証明した次の等式を利用する。
$$|\vec{a}+\vec{b}|^2=|\vec{a}|^2+2\vec{a}\cdot\vec{b}+|\vec{b}|^2$$

解答▶ △ABC において,
$$\overrightarrow{AB}=\vec{b},\quad \overrightarrow{AC}=\vec{c}$$
とすると,
$$AB^2+AC^2=|\overrightarrow{AB}|^2+|\overrightarrow{AC}|^2=|\vec{b}|^2+|\vec{c}|^2$$

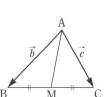

また,点 M は辺 BC の中点であるから,
$$\overrightarrow{AM}=\frac{\vec{b}+\vec{c}}{2},\quad \overrightarrow{BM}=\frac{\overrightarrow{BC}}{2}=\frac{\vec{c}-\vec{b}}{2}$$

$$2(AM^2+BM^2)=2(|\overrightarrow{AM}|^2+|\overrightarrow{BM}|^2)$$
$$=2\left(\left|\frac{\vec{b}+\vec{c}}{2}\right|^2+\left|\frac{\vec{c}-\vec{b}}{2}\right|^2\right)$$
$$=2\left(\frac{|\vec{b}|^2+2\vec{b}\cdot\vec{c}+|\vec{c}|^2}{4}+\frac{|\vec{c}|^2-2\vec{c}\cdot\vec{b}+|\vec{b}|^2}{4}\right)$$
$$=|\vec{b}|^2+|\vec{c}|^2$$

よって,　$AB^2+AC^2=2(AM^2+BM^2)$

3 ベクトル方程式

問 35 教科書 34 ページの①において，t を次の値にしたときの点 P($\vec{p}$) の位置をそれぞれ下の図に図示せよ。

教科書
p.34

(1) $t=0$ (2) $t=1$ (3) $t=4$ (4) $t=-2$

ガイド

ここがポイント 👉 [$\vec{d}$ に平行な直線のベクトル方程式]

定点 A($\vec{a}$) を通り，$\vec{0}$ でないベクトル $\vec{d}$ に平行な直線のベクトル方程式は，媒介変数 t を用いて，

$$\vec{p}=\vec{a}+t\vec{d} \quad \cdots\cdots①$$

(1) $t=0$ のとき，①より，$\vec{p}=\vec{a}$，$\overrightarrow{AP}=\vec{0}$ PとAは一致する。

(2) $\vec{p}=\vec{a}+\vec{d}$ より，$\overrightarrow{AP}=\vec{d}$ $\overrightarrow{AP}$ は $\vec{d}$ に等しい。

(3) $\vec{p}=\vec{a}+4\vec{d}$ $\overrightarrow{AP}=4\vec{d}$ は $\vec{d}$ と同じ向きで大きさは 4 倍。

(4) $\vec{p}=\vec{a}-2\vec{d}$ $\overrightarrow{AP}=-2\vec{d}$ は $\vec{d}$ と反対向きで大きさは 2 倍。

解答

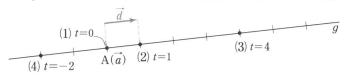

ポイント プラス 👉 [直線の媒介変数表示]

点Aの座標を (x_1, y_1)，点Pの座標を (x, y) とし，原点Oを位置ベクトルの基準とする。$\vec{d}=(\ell, m)$ とすると，

$$\begin{cases} x=x_1+\ell t \\ y=y_1+mt \end{cases} \quad \cdots\cdots②$$

②を，直線の**媒介変数表示**という。

②は，ベクトル方程式①を，成分で表したものである。

問 36 点 $(-3, 2)$ を通り，$\vec{d}=(4, -1)$ に平行な直線の方程式を，媒介変数 t を用いて表せ。また，t を消去した式で表せ。

教科書
p.35

ガイド　$\begin{cases} x = x_1 + \ell t \\ y = y_1 + mt \end{cases}$ に $(x_1,\ y_1) = (-3,\ 2)$,

$(\ell,\ m) = (4,\ -1)$ を代入する。

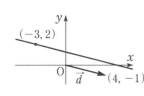

解答　この直線の媒介変数表示は,

$$\begin{cases} x = -3 + 4t \\ y = 2 - t \end{cases}$$

また, 2つの式から t を消去すると,

$$\frac{x+3}{4} = -y + 2$$

よって, $\quad y = -\dfrac{1}{4}x + \dfrac{5}{4}$

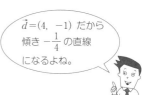

$\vec{d} = (4,\ -1)$ だから
傾き $-\dfrac{1}{4}$ の直線
になるよね。

⚠注意　直線のベクトル方程式①に戻り, $\vec{p} = (x,\ y)$, $\vec{a} = (-3,\ 2)$,
$\vec{d} = (4,\ -1)$ とすると, $(x,\ y) = (-3,\ 2) + t(4,\ -1)$

成分を比べて, $x = -3 + 4t$, $y = 2 - t$

また, t を消去した式は, $x + 4y - 5 = 0$ と表すこともできる。

問37　教科書36ページの①において, t を次の値にしたときの点 $P(\vec{p})$ の位

教科書 **p.36**　置をそれぞれ下の図に図示せよ。

(1)　$t = 0$　　　(2)　$t = 2$　　　(3)　$t = \dfrac{1}{2}$　　　(4)　$t = -1$

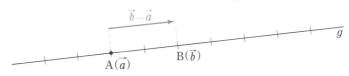

- -

ガイド　異なる2点 $A(\vec{a})$, $B(\vec{b})$ を通る直線は, 点Aを通り, $\overrightarrow{AB} = \vec{b} - \vec{a}$ を
方向ベクトルとする直線と考えられるから, 直線上の点を $P(\vec{p})$ とす
ると,

$$\vec{p} = \vec{a} + t(\vec{b} - \vec{a}) \quad すなわち, \quad \vec{p} = (1 - t)\vec{a} + t\vec{b}$$

ここがポイント 👉 **[2点を通る直線のベクトル方程式]**

異なる2点 $A(\vec{a})$, $B(\vec{b})$ を通る直線のベクトル方程式は,

[1]　$\vec{p} = (1 - t)\vec{a} + t\vec{b}$ ……①

[2]　$\vec{p} = s\vec{a} + t\vec{b} \quad (s + t = 1)$

②は，①で $1-t=s$ とおいたものである。

それぞれの t の値について，点Pと線分 AB の位置関係を調べる。

(1)　$t=0$ のとき，①より，$\vec{p}=\vec{a}$，$\overrightarrow{\mathrm{AP}}=\vec{0}$　点Pは点Aに一致する。

(2)～(4)では，次のことを使う。

$$\vec{p}=(1-t)\vec{a}+t\vec{b}=\frac{(1-t)\vec{a}+t\vec{b}}{t+(1-t)} \ \ より，$$

$$\begin{cases} 0<t<1 \text{ のとき，点Pは線分 AB を } t:(1-t) \text{ に内分し，} \\ t<0, \ 1<t \text{ のときは，線分 AB を，} |t|:|1-t| \text{ に外分する。} \end{cases}$$

また，$\vec{p}=\dfrac{n\vec{a}+m\vec{b}}{m+n}$ のとき，

点Pは線分 AB を $m:n$ に内分し，

$\vec{p}=\dfrac{-n\vec{a}+m\vec{b}}{m-n}$ のとき，

線分 AB を $m:n$ に外分する。

また，$\vec{p}=\vec{a}+t(\vec{b}-\vec{a})$ に戻れば，位置の図示は容易にできる。

(2)　$\vec{p}=-\vec{a}+2\vec{b}=\dfrac{-\vec{a}+2\vec{b}}{2-1}$　線分 AB を $2:1$ に外分する。

(3)　$\vec{p}=\dfrac{1}{2}\vec{a}+\dfrac{1}{2}\vec{b}=\dfrac{\vec{a}+\vec{b}}{2}$　線分 AB の中点になる。

(4)　$\vec{p}=2\vec{a}-\vec{b}=\dfrac{2\vec{a}-\vec{b}}{-1+2}=\dfrac{-2\vec{a}+\vec{b}}{1-2}$　線分 AB を $1:2$ に外分する。

解答▶

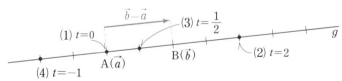

問 38　教科書 37 ページの例題 8 で，次の場合における点Pの存在範囲を求めよ。

教科書 **p.37**

(1)　$s+t=2$, $s\geqq0$, $t\geqq0$　　　(2)　$s+t=\dfrac{2}{3}$, $s\geqq0$, $t\geqq0$

ガイド　一般に，異なる 2 点 A($\vec{a}$)，B($\vec{b}$) と点 P($\vec{p}$) について，次のことが成り立つ。

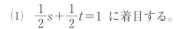 ［線分のベクトル方程式］

点Pが線分 AB 上にある

$\iff \vec{p}=(1-t)\vec{a}+t\vec{b} \quad (0\leqq t\leqq1)$

点Pが線分 AB 上にある

$\iff \vec{p}=s\vec{a}+t\vec{b} \quad (s+t=1,\ s\geqq0,\ t\geqq0)$

(1)　$\dfrac{1}{2}s+\dfrac{1}{2}t=1$ に着目する。

(2)　$\dfrac{3}{2}s+\dfrac{3}{2}t=1$ に着目する。

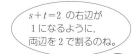
$s+t=2$ の右辺が
1になるように，
両辺を2で割るのね。

解答　(1)　$\overrightarrow{\mathrm{OP}}=s\overrightarrow{\mathrm{OA}}+t\overrightarrow{\mathrm{OB}}$

$=\dfrac{1}{2}s(2\overrightarrow{\mathrm{OA}})+\dfrac{1}{2}t(2\overrightarrow{\mathrm{OB}})$

ここで，条件より，$\dfrac{1}{2}s+\dfrac{1}{2}t=1,\ \dfrac{1}{2}s\geqq0,\ \dfrac{1}{2}t\geqq0$

であるから，

$\dfrac{1}{2}s=s',\qquad \dfrac{1}{2}t=t'$

とおくと，$s'+t'=1,\ s'\geqq0,\ t'\geqq0$ で，

$\overrightarrow{\mathrm{OP}}=s'(2\overrightarrow{\mathrm{OA}})+t'(2\overrightarrow{\mathrm{OB}})$

したがって，

$2\overrightarrow{\mathrm{OA}}=\overrightarrow{\mathrm{OA'}},\qquad 2\overrightarrow{\mathrm{OB}}=\overrightarrow{\mathrm{OB'}}$

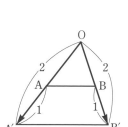

を満たす点 A′，B′ をとると，

$\overrightarrow{\mathrm{OP}}=s'\overrightarrow{\mathrm{OA'}}+t'\overrightarrow{\mathrm{OB'}} \quad (s'+t'=1,\ s'\geqq0,\ t'\geqq0)$

よって，点Pの存在範囲は，**線分 A′B′** である。

(2)　$\overrightarrow{\mathrm{OP}}=s\overrightarrow{\mathrm{OA}}+t\overrightarrow{\mathrm{OB}}$

$=\dfrac{3}{2}s\left(\dfrac{2}{3}\overrightarrow{\mathrm{OA}}\right)+\dfrac{3}{2}t\left(\dfrac{2}{3}\overrightarrow{\mathrm{OB}}\right)$

ここで，条件より，$\dfrac{3}{2}s+\dfrac{3}{2}t=1,\ \dfrac{3}{2}s\geqq0,\ \dfrac{3}{2}t\geqq0$

であるから，

$\dfrac{3}{2}s=s',\qquad \dfrac{3}{2}t=t'$

とおくと，$s'+t'=1,\ s'\geqq0,\ t'\geqq0$ で，

$$\overrightarrow{\mathrm{OP}}=s'\left(\frac{2}{3}\overrightarrow{\mathrm{OA}}\right)+t'\left(\frac{2}{3}\overrightarrow{\mathrm{OB}}\right)$$

したがって，

$$\frac{2}{3}\overrightarrow{\mathrm{OA}}=\overrightarrow{\mathrm{OA}''}, \qquad \frac{2}{3}\overrightarrow{\mathrm{OB}}=\overrightarrow{\mathrm{OB}''}$$

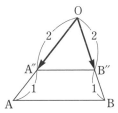

を満たす点 A″，B″ をとると，

$$\overrightarrow{\mathrm{OP}}=s'\overrightarrow{\mathrm{OA}''}+t'\overrightarrow{\mathrm{OB}''} \quad (s'+t'=1,\ s'\geqq 0,\ t'\geqq 0)$$

よって，点Pの存在範囲は，**線分 A″B″** である。

問 39 次の点Aを通り，$\vec{n}$ に垂直な直線の方程式を求めよ。

教科書 **p.38**

(1) A(3, 4)，$\vec{n}=(5,\ -2)$　　　(2) A(−3, 0)，$\vec{n}=(2,\ 1)$

- -

ガイド

ここがポイント☞ [ベクトル $\vec{n}$ に垂直な直線]

定点 A$(\vec{a})$ を通り，$\vec{0}$ でないベクトル $\vec{n}$ に垂直な直線のベクトル方程式は，

$$\vec{n}\cdot(\vec{p}-\vec{a})=0 \qquad\qquad \cdots\cdots①$$

A$(x_1,\ y_1)$，P$(x,\ y)$，$\vec{n}=(a,\ b)$ とすると

$$a(x-x_1)+b(y-y_1)=0 \quad \cdots\cdots②$$

解答 (1) $\qquad\qquad 5(x-3)+(-2)\times(y-4)=0$

すなわち，$\quad \boldsymbol{5x-2y-7=0}$

(2) $\qquad\qquad 2\{x-(-3)\}+1\times(y-0)=0$

すなわち，$\quad \boldsymbol{2x+y+6=0}$

ポイント プラス☞ [法線ベクトル]

$\vec{n}=(a,\ b)$ は，**直線 $ax+by+c=0$ の法線ベクトルである。**

⚠注意 $\vec{n}$ に垂直なベクトル $(-b,\ a)$ や $(b,\ -a)$ は，直線 $ax+by+c=0$ の方向ベクトルである。

問 40 点 A$(\vec{a})$ が与えられたとき，ベクトル方程式 $|2\vec{p}+\vec{a}|=3$ は，どのような図形を表すか。

教科書 **p.39**

- -

ガイド 平面上の定点Cから一定の距離 r の位置にある点全体の集合，すなわち，CP$=r\,(r>0)$ を満たす点Pの軌跡は円である。

ここがポイント 🔪☞ [円のベクトル方程式]

定点 $C(\vec{c})$ を中心とする半径 r の円のベクトル方程式は，

$$|\vec{p}-\vec{c}|=r$$

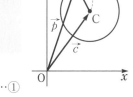

内積を用いると，$|\vec{p}-\vec{c}|^2=r^2$ より，

$$(\vec{p}-\vec{c})\cdot(\vec{p}-\vec{c})=r^2 \quad\cdots\cdots①$$

と表すこともできる。また，$C(a,\ b)$，$P(x,\ y)$ とすると，①は，次のように表すこともできる。　　$(x-a)^2+(y-b)^2=r^2$

解答▶ $|2\vec{p}+\vec{a}|=3$ より，$\left|\vec{p}-\left(-\dfrac{1}{2}\vec{a}\right)\right|=\dfrac{3}{2}$

　　　　よって，ベクトル方程式は，**中心** $A'\left(-\dfrac{1}{2}\vec{a}\right)$，**半径** $\dfrac{3}{2}$ **の円**を表す。

▎プラスワン▎ 平面上に 2 点 $A(\vec{a})$，$B(\vec{b})$ があるとき，線分 AB を直径とする円のベクトル方程式は，$\overrightarrow{AP}\perp\overrightarrow{BP}$ または $\overrightarrow{AP}=\vec{0}$，$\overrightarrow{BP}=\vec{0}$ より，　$(\vec{p}-\vec{a})\cdot(\vec{p}-\vec{b})=0$

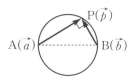

▢問 41 平面上に点Oと異なる点 $A(\vec{a})$ がある。この平面上で，ベクトル方程式

教科書
p.39　$\vec{p}\cdot\vec{p}-\vec{a}\cdot\vec{p}=0$ は，どのような図形を表すか。

ガイド $\vec{p}\cdot(\vec{p}-\vec{a})=0$ と変形できる。
　　　　内積が 0 になるのはどのような場合かを考える。

解答▶ $\vec{p}\cdot\vec{p}-\vec{a}\cdot\vec{p}=0$ より，　$\vec{p}\cdot(\vec{p}-\vec{a})=0$

　　　したがって，$\overrightarrow{OP}\cdot\overrightarrow{AP}=0$ であるから，

　　　　$\overrightarrow{OP}=\vec{0}$　または　$\overrightarrow{AP}=\vec{0}$　または　$\overrightarrow{OP}\perp\overrightarrow{AP}$

　(ⅰ)　$\overrightarrow{OP}=\vec{0}$ または $\overrightarrow{AP}=\vec{0}$ のとき，

　　　　点Pは，点Oまたは点Aと一致する。

　(ⅱ)　$\overrightarrow{OP}\perp\overrightarrow{AP}$ のとき，

　　　　∠OPA＝90° であるから，点Pは

　　　　線分 OA を直径とする円周上の点である。ただし，点 O，A を除く。

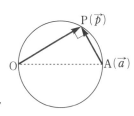

　(ⅰ)，(ⅱ)より，ベクトル方程式が表す図形は，

線分 OA を直径とする円である。

節末問題 | **第2節 ベクトルと図形**

☐ **1**

教科書
p.40

△ABC の3辺 BC, CA, AB を 1:2 に内分する点を, それぞれ, L, M, N とするとき, 次のことを証明せよ。

(1) $\overrightarrow{AL}+\overrightarrow{BM}+\overrightarrow{CN}=\vec{0}$

(2) △ABC の重心Gと, △LMN の重心 G′ とは一致する。

ガイド (1) 3点 A, B, C の位置ベクトルをそれぞれ $\vec{a}$, $\vec{b}$, $\vec{c}$ とし, これを使って, 各辺の内分点の位置ベクトルを表して計算する。

(2) G′ の位置ベクトルを $\vec{a}$, $\vec{b}$, $\vec{c}$ を使って表し, G の位置ベクトルと一致することを示す。

解答 (1) 点 A, B, C の位置ベクトルを, それぞれ $\vec{a}$, $\vec{b}$, $\vec{c}$ とする。

点 L, M, N の位置ベクトルを, それぞれ $\vec{\ell}$, $\vec{m}$, $\vec{n}$ とすると,

$$\vec{\ell}=\frac{2\vec{b}+\vec{c}}{3}, \quad \vec{m}=\frac{2\vec{c}+\vec{a}}{3}, \quad \vec{n}=\frac{2\vec{a}+\vec{b}}{3}$$

であるから,

$$\overrightarrow{AL}=\vec{\ell}-\vec{a}=\frac{2\vec{b}+\vec{c}}{3}-\vec{a}$$

$$\overrightarrow{BM}=\vec{m}-\vec{b}=\frac{2\vec{c}+\vec{a}}{3}-\vec{b}$$

$$\overrightarrow{CN}=\vec{n}-\vec{c}=\frac{2\vec{a}+\vec{b}}{3}-\vec{c}$$

よって, $\overrightarrow{AL}+\overrightarrow{BM}+\overrightarrow{CN}=\frac{3(\vec{a}+\vec{b}+\vec{c})}{3}-(\vec{a}+\vec{b}+\vec{c})=\vec{0}$

(2) △ABC の重心Gの位置ベクトルを $\vec{g}$ とすると,

$$\vec{g}=\frac{\vec{a}+\vec{b}+\vec{c}}{3} \quad \cdots\cdots①$$

△LMN の重心 G′ の位置ベクトルを $\vec{g'}$ とすると, (1)より,

$$\vec{g'}=\frac{\vec{\ell}+\vec{m}+\vec{n}}{3}=\frac{1}{3}\left(\frac{2\vec{b}+\vec{c}}{3}+\frac{2\vec{c}+\vec{a}}{3}+\frac{2\vec{a}+\vec{b}}{3}\right)$$

$$=\frac{1}{3}\cdot\frac{3(\vec{a}+\vec{b}+\vec{c})}{3}=\frac{\vec{a}+\vec{b}+\vec{c}}{3} \quad \cdots\cdots②$$

①, ②より, $\vec{g}=\vec{g'}$

よって, △ABC の重心Gと △LMN の重心 G′ とは一致する。

☐ **2**

教科書 **p.40**

△ABC と点Pに対して，次の等式が成り立つとき，点Pはどのような位置にあるか。

(1)　$3\overrightarrow{AP}+4\overrightarrow{BP}=\vec{0}$　　　　　　　(2)　$3\overrightarrow{AP}=2\overrightarrow{BA}+5\overrightarrow{AC}$

ガイド　4点 A，B，C，P の位置ベクトルを，それぞれ $\vec{a}$，$\vec{b}$，$\vec{c}$，$\vec{p}$ として，等式を変形し，$\vec{p}$ について解く。

その式から点Pの位置を読み取る。

解答　4点 A，B，C，P の位置ベクトルを，それぞれ $\vec{a}$，$\vec{b}$，$\vec{c}$，$\vec{p}$ とする。

(1)　$3\overrightarrow{AP}+4\overrightarrow{BP}=\vec{0}$ より，

$$3(\vec{p}-\vec{a})+4(\vec{p}-\vec{b})=\vec{0}$$
$$7\vec{p}=3\vec{a}+4\vec{b}$$
$$\vec{p}=\frac{3\vec{a}+4\vec{b}}{7}=\frac{3\vec{a}+4\vec{b}}{4+3}$$

よって，点 P($\vec{p}$) は，

線分 AB を 4：3 に内分する点である。

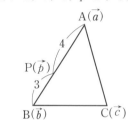

(2)　$3\overrightarrow{AP}=2\overrightarrow{BA}+5\overrightarrow{AC}$ より，

$$3(\vec{p}-\vec{a})=2(\vec{a}-\vec{b})+5(\vec{c}-\vec{a})$$
$$3\vec{p}=-2\vec{b}+5\vec{c}$$
$$\vec{p}=\frac{-2\vec{b}+5\vec{c}}{3}=\frac{-2\vec{b}+5\vec{c}}{5-2}$$

よって，点 P($\vec{p}$) は，

線分 BC を 5：2 に外分する点である。

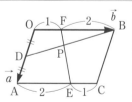

☐ **3**

教科書 **p.40**

右の図の平行四辺形OACBにおいて，辺OAの中点をD，辺AC，BOを2：1に内分する点を，それぞれ E，F とし，BDとEFの交点をPとする。$\overrightarrow{OA}=\vec{a}$，$\overrightarrow{OB}=\vec{b}$ とするとき，次の問いに答えよ。

(1)　$\overrightarrow{OD}$，$\overrightarrow{OE}$，$\overrightarrow{OF}$ を，それぞれ $\vec{a}$，$\vec{b}$ を用いて表せ。

(2)　$\overrightarrow{OP}$ を $\vec{a}$，$\vec{b}$ を用いて表し，EP：PF，BP：PD を求めよ。

ガイド　(2)　EP：PF $=s：(1-s)$，BP：PD $=t：(1-t)$ とおいて，$\overrightarrow{OP}$ を $\vec{a}$，$\vec{b}$ を用いて2通りに表し，s，t の値を求める。

解答　(1)　$\overrightarrow{OD}=\dfrac{1}{2}\overrightarrow{OA}=\dfrac{1}{2}\vec{a}$，　$\overrightarrow{OE}=\overrightarrow{OA}+\overrightarrow{AE}=\overrightarrow{OA}+\dfrac{2}{3}\overrightarrow{AC}=\vec{a}+\dfrac{2}{3}\vec{b}$

$$\overrightarrow{\mathrm{OF}}=\frac{1}{3}\overrightarrow{\mathrm{OB}}=\frac{1}{3}\vec{b}$$

(2)　EP : PF$=s:(1-s)$,

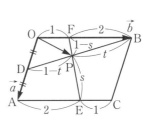

　　BP : PD$=t:(1-t)$ とおくと,

$$\overrightarrow{\mathrm{OP}}=(1-s)\overrightarrow{\mathrm{OE}}+s\overrightarrow{\mathrm{OF}}$$

$$=(1-s)\left(\vec{a}+\frac{2}{3}\vec{b}\right)+\frac{s}{3}\vec{b}$$

$$=(1-s)\vec{a}+\frac{2-s}{3}\vec{b}\quad\cdots\cdots①$$

$$\overrightarrow{\mathrm{OP}}=t\overrightarrow{\mathrm{OD}}+(1-t)\overrightarrow{\mathrm{OB}}$$

$$=\frac{t}{2}\vec{a}+(1-t)\vec{b}\quad\cdots\cdots②$$

①, ②より,　$(1-s)\vec{a}+\dfrac{2-s}{3}\vec{b}=\dfrac{t}{2}\vec{a}+(1-t)\vec{b}$

ここで, $\vec{a}\neq\vec{0}$, $\vec{b}\neq\vec{0}$ であり, $\vec{a}$ と $\vec{b}$ は平行でないから,

　　$1-s=\dfrac{t}{2}$　$\cdots\cdots③$　　$\dfrac{2-s}{3}=1-t$　$\cdots\cdots④$

③より,　$2s+t=2$　　④より,　$s-3t=-1$

これを解いて,　$s=\dfrac{5}{7}$, $t=\dfrac{4}{7}$

よって,　$\overrightarrow{\mathrm{OP}}=\dfrac{2}{7}\vec{a}+\dfrac{3}{7}\vec{b}$

$s=\dfrac{5}{7}$ より,　**EP : PF**$=\dfrac{5}{7}:\left(1-\dfrac{5}{7}\right)=\dfrac{5}{7}:\dfrac{2}{7}=$**5 : 2**

$t=\dfrac{4}{7}$ より,　**BP : PD**$=\dfrac{4}{7}:\left(1-\dfrac{4}{7}\right)=\dfrac{4}{7}:\dfrac{3}{7}=$**4 : 3**

4
教科書
p.40
　△OAB に対して, $\overrightarrow{\mathrm{OP}}=s\overrightarrow{\mathrm{OA}}+t\overrightarrow{\mathrm{OB}}$ とおく。実数 s, t が $0\leqq s+t\leqq1$, $s\geqq0$, $t\geqq0$ を満たしながら変化するとき, 点Pの存在範囲を求めよ。

ガイド　$s+t=k$ とおき, $0<k\leqq1$ のとき, $\dfrac{s}{k}+\dfrac{t}{k}=1$ に着目して,

　　$\overrightarrow{\mathrm{OP}}$ を, $\overrightarrow{\mathrm{OP}}=s'\overrightarrow{\mathrm{OA'}}+t'\overrightarrow{\mathrm{OB'}}$ の形に変形し, 点Pの範囲を調べる。

解答　$s+t=k$ とおくと, $0<k\leqq1$ のとき,

$$\overrightarrow{\mathrm{OP}}=s\overrightarrow{\mathrm{OA}}+t\overrightarrow{\mathrm{OB}}=\frac{s}{k}(k\overrightarrow{\mathrm{OA}})+\frac{t}{k}(k\overrightarrow{\mathrm{OB}})$$

条件より，$\dfrac{s}{k}+\dfrac{t}{k}=1$，$\dfrac{s}{k}\geqq 0$，$\dfrac{t}{k}\geqq 0$ であるから，

$$\dfrac{s}{k}=s',\qquad \dfrac{t}{k}=t'$$

とおくと，　$s'+t'=1$，$s'\geqq 0$，$t'\geqq 0$ で，

$$\overrightarrow{\mathrm{OP}}=s'(k\overrightarrow{\mathrm{OA}})+t'(k\overrightarrow{\mathrm{OB}})$$

ここで，$k\overrightarrow{\mathrm{OA}}=\overrightarrow{\mathrm{OA'}}$，$k\overrightarrow{\mathrm{OB}}=\overrightarrow{\mathrm{OB'}}$

を満たす点 A′，B′ をとると，

$$\overrightarrow{\mathrm{OP}}=s'\overrightarrow{\mathrm{OA'}}+t'\overrightarrow{\mathrm{OB'}}$$
$$(s'+t'=1,\ s'\geqq 0,\ t'\geqq 0)$$

であるから，点Pは，線分 AB に平行な線分 A′B′ 上を動く。

したがって，$0<k\leqq 1$ のとき，点Pは点Oを除く $\triangle\mathrm{OAB}$ の周上および内部を動く。

$k=0$ の場合は，$s=t=0$ となり，点Pは点Oと一致する。

よって，点Pの存在範囲は，**$\triangle\mathbf{OAB}$ の周上および内部**である。

 5

教科書
p.40

直線 $3x-y-6=0$，直線 $x-2y+4=0$ の
法線ベクトルをそれぞれ 1 つずつ求めよ。
また，この 2 直線のなす角 α を求めよ。

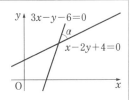

ガイド　直線 $ax+by+c=0$ の法線ベクトルの 1 つは，$(a,\ b)$ である。

法線ベクトルのなす角が θ のとき，

$$\alpha=\theta\ (0°\leqq\theta\leqq 90°)\ \ または\ 180°-\theta\ (90°<\theta\leqq 180°)$$

解答　直線 $3x-y-6=0$ の法線ベクトルの 1 つは，$\vec{u}=(3,\ -1)$

直線 $x-2y+4=0$ の法線ベクトルの 1 つは，$\vec{v}=(1,\ -2)$

$\vec{u}$，$\vec{v}$ のなす角を θ とすると，

$$\cos\theta=\dfrac{\vec{u}\cdot\vec{v}}{|\vec{u}||\vec{v}|}=\dfrac{3\times 1+(-1)\times(-2)}{\sqrt{3^2+(-1)^2}\sqrt{1^2+(-2)^2}}$$

$$=\dfrac{5}{\sqrt{10}\sqrt{5}}=\dfrac{1}{\sqrt{2}}$$

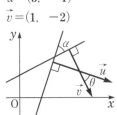

$0°\leqq\theta\leqq 180°$ より，$\theta=45°$

2 直線のなす角 α は，$0°\leqq\alpha\leqq 90°$ より，**$\alpha=45°$**

第3節　空間のベクトル

1 空間の点の座標

教科書 p.42 **☑問 42**　点 A$(1, 2, 3)$ に対して，次の点の座標を求めよ。

(1) yz 平面に関して対称な点　　(2) zx 平面に関して対称な点

(3) x 軸に関して対称な点　　　　(4) 原点に関して対称な点

- -

ガイド　空間に1つの平面を定め，その上に原点Oとx軸，y軸をとる。

　点Oを通って，この平面に垂直な直線を考える。この直線をz軸と呼ぶ。

　x軸，y軸，z軸は，どの2つも互いに垂直である。これらを空間の**座標軸**という。

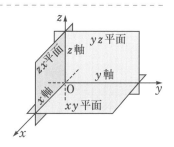

　また，x軸とy軸，y軸とz軸，z軸とx軸のそれぞれで定まる平面を，xy平面，yz平面，zx平面といい，3つの平面をまとめて**座標平面**という。

　空間に点Aがあるとき，Aを通って各座標平面に平行な3つの平面を作る。それらがx軸，y軸，z軸と交わる点 A_1, A_2, A_3 のそれぞれの軸上での座標が x_1, y_1, z_1 のとき，(x_1, y_1, z_1) を点Aの**座標**といい，x_1 を **x座標**，y_1 を **y座標**，z_1 を **z座標**という。

　このように座標が定められた空間を**座標空間**という。

(1) x座標の符号が変わる。

(3) y座標，z座標の符号が変わる。

(4) x座標，y座標，z座標すべての符号が変わる。

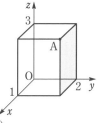

解答　(1) $(-1, 2, 3)$　　　　　(2) $(1, -2, 3)$

(3) $(1, -2, -3)$　　　　(4) $(-1, -2, -3)$

- -

☑問 43　点 $(3, 4, 5)$ を通り，各座標平面に平行な平面の方程式をいえ。

教科書 p.42

ガイド　点 $(0, 0, c)$ を通り，xy 平面に平行な平面
α を考えると，平面 α は，方程式
$$z=c$$
を満たす点 $P(x, y, z)$ の集合である。

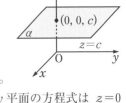

そこで，$z=c$ をこの**平面 α の方程式**という。

平面 α は z 軸に垂直な平面である。また，xy 平面の方程式は　$z=0$
である。

同様に，点 $(a, 0, 0)$ を通り，yz 平面に平行な平面の方程式，
点 $(0, b, 0)$ を通り，zx 平面に平行な平面の方程式はそれぞれ
$x=a$，$y=b$ のように表される。

解答　xy 平面に平行な平面の
　　　　　方程式は，　　$z=5$
　　　　yz 平面に平行な平面の
　　　　　方程式は，　　$x=3$
　　　　zx 平面に平行な平面の
　　　　　方程式は，　　$y=4$

座標平面上での
x 軸や y 軸に平行な直線の方程式と
似ているね。

問 44　次の 2 点間の距離を求めよ。

教科書
p.43

(1)　$A(2, 5, 3)$，$B(4, 2, 9)$

(2)　$O(0, 0, 0)$，$A(1, -2, 3)$

ガイド

ここがポイント 👉 ［2 点間の距離］

2 点 $A(x_1, y_1, z_1)$，$B(x_2, y_2, z_2)$ の間の距離は，
$$AB=\sqrt{(x_2-x_1)^2+(y_2-y_1)^2+(z_2-z_1)^2}$$
とくに，原点 O と点 A の距離は，　　$OA=\sqrt{x_1^2+y_1^2+z_1^2}$

解答　(1)　$AB=\sqrt{(4-2)^2+(2-5)^2+(9-3)^2}=\sqrt{49}=\mathbf{7}$

　　　　(2)　$OA=\sqrt{1^2+(-2)^2+3^2}=\sqrt{\mathbf{14}}$

問 45　3 点 $A(-1, -1, 1)$，$B(0, 0, -1)$，$C(1, -2, 0)$ を頂点とする三角

教科書
p.43

形は正三角形であることを示せ。

ガイド　それぞれの 2 点間の距離を求めて，$AB=BC=CA$ を示す。

解答▶ $AB=\sqrt{\{0-(-1)\}^2+\{0-(-1)\}^2+(-1-1)^2}=\sqrt{1+1+4}=\sqrt{6}$

$BC=\sqrt{(1-0)^2+(-2-0)^2+\{0-(-1)\}^2}=\sqrt{1+4+1}=\sqrt{6}$

$CA=\sqrt{(-1-1)^2+\{-1-(-2)\}^2+(1-0)^2}=\sqrt{4+1+1}=\sqrt{6}$

$AB=BC=CA$ であるから，△ABC は正三角形である。

2　空間のベクトル

■問 46 教科書 44 ページの例 24 の直方体において，$\overrightarrow{AD}$ に等しいベクトルを
教科書
p.44 すべて挙げよ。

ガイド 空間内の有向線分について，その始点を問題
にしないで向きと大きさだけに着目したものを，
空間のベクトルという。

$\overrightarrow{AB}$，$\vec{a}$ のように書く。

2つのベクトル $\vec{a}$，$\vec{b}$ が等しいのは，向き
が同じで，大きさが等しい場合である。

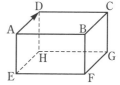

解答▶ $\overrightarrow{AD}$ と向きが同じで，大きさが等しいベク
トルは，　　$\overrightarrow{BC}$，$\overrightarrow{EH}$，$\overrightarrow{FG}$

プラスワン 空間のベクトルの和，差，実数倍や，単位ベクトル，零ベク
トル，逆ベクトルなどは，平面上の場合と同様に定義される。また，
次のことが成り立つ。

ポイント プラス☞ ［空間のベクトル］

1　$\vec{a}+\vec{b}=\vec{b}+\vec{a}$　　　　　　　　交換法則

2　$(\vec{a}+\vec{b})+\vec{c}=\vec{a}+(\vec{b}+\vec{c})$　　　結合法則

3　$\vec{a}+\vec{0}=\vec{a}$，　$\vec{a}+(-\vec{a})=\vec{0}$，　$\vec{a}-\vec{b}=\vec{a}+(-\vec{b})$

4　k，ℓ を実数とすると，　$k(\ell\vec{a})=(k\ell)\vec{a}$，
$(k+\ell)\vec{a}=k\vec{a}+\ell\vec{a}$，　$k(\vec{a}+\vec{b})=k\vec{a}+k\vec{b}$

■問 47 四面体 ABCD について，次の等式が成り立つことを示せ。
教科書
p.44 $\overrightarrow{AB}+\overrightarrow{BC}+\overrightarrow{CD}+\overrightarrow{DA}=\vec{0}$

ガイド 空間のベクトルの和や，零ベクトルも平面上の場合と同じように考
えられる。

解答 $\overrightarrow{AB}+\overrightarrow{BC}+\overrightarrow{CD}+\overrightarrow{DA}$

$\quad =(\overrightarrow{AB}+\overrightarrow{BC})+\overrightarrow{CD}+\overrightarrow{DA}$

$\quad =\overrightarrow{AC}+\overrightarrow{CD}+\overrightarrow{DA}$

$\quad =(\overrightarrow{AC}+\overrightarrow{CD})+\overrightarrow{DA}$

$\quad \overrightarrow{AD}+\overrightarrow{DA}=\overrightarrow{AA}=\vec{0}$

$\overrightarrow{A}B+B\overrightarrow{C}=\overrightarrow{A}\overrightarrow{C}$ だったね。

別解 $\overrightarrow{AB}+\overrightarrow{BC}+\overrightarrow{CD}+\overrightarrow{DA}$

$\quad =(\overrightarrow{AB}+\overrightarrow{BC})+(\overrightarrow{CD}+\overrightarrow{DA})=\overrightarrow{AC}+\overrightarrow{CA}=\overrightarrow{AA}=\vec{0}$

|プラスワン|　ベクトルの平行についても，平面の場合と同様に定義される。

　　　空間の $\vec{0}$ でない2つのベクトル $\vec{a}$，$\vec{b}$ が，同じ向きか，または，反対

向きのとき，$\vec{a}$ と $\vec{b}$ は平行であるといい，$\vec{a}\,/\!/\,\vec{b}$ と表す。

　　　また，次のことが成り立つ。

|ポイント プラス|☞ [ベクトルの平行]

$\vec{a}\neq\vec{0}$，$\vec{b}\neq\vec{0}$ のとき，

$\qquad \vec{a}\,/\!/\,\vec{b} \iff \vec{b}=k\vec{a}$ となる実数 k がある

|問|48　教科書45ページの例25の平行六面体において，$\overrightarrow{AF}$，$\overrightarrow{CD}$ を $\vec{a}$，$\vec{b}$，$\vec{c}$
教科書
p.45　を用いて表せ。

ガイド　3組の平行な平面で囲まれた空間図形を

平行六面体という。

　　　平行六面体の6つの面はすべて平行四辺

形である。

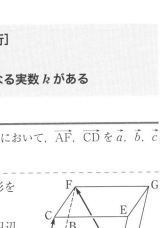

解答 $\overrightarrow{AF}=\overrightarrow{AO}+\overrightarrow{OB}+\overrightarrow{BF}=-\vec{a}+\vec{b}+\vec{c}$

$\quad \overrightarrow{CD}=\overrightarrow{CE}+\overrightarrow{EG}+\overrightarrow{GD}=\vec{a}+\vec{b}-\vec{c}$

別解 $\overrightarrow{AF}=\overrightarrow{OF}-\overrightarrow{OA}$

$\quad =(\vec{b}+\vec{c})-\vec{a}=-\vec{a}+\vec{b}+\vec{c}$

$\quad \overrightarrow{CD}=\overrightarrow{OD}-\overrightarrow{OC}$

$\quad =(\vec{a}+\vec{b})-\vec{c}=\vec{a}+\vec{b}-\vec{c}$

|プラスワン|　空間のベクトルの分解を，平行六面体を作って考える。

ポイント プラス ☞ **［ベクトルの分解］**

　同一平面上にない4点 O, A, B, C があって，$\overrightarrow{\text{OA}}=\vec{a}$,
$\overrightarrow{\text{OB}}=\vec{b}$, $\overrightarrow{\text{OC}}=\vec{c}$ とするとき，空間の任意のベクトル $\vec{p}$ は，次
の形にただ1通りに表される。

$$\vec{p}=s\vec{a}+t\vec{b}+u\vec{c} \quad (s,\ t,\ u\ は実数)$$

［ベクトルの相等］

　4点 O, A, B, C が同一平面上にないとき，

$$s\vec{a}+t\vec{b}+u\vec{c}=s'\vec{a}+t'\vec{b}+u'\vec{c}$$

$$\Longleftrightarrow s=s',\ t=t',\ u=u'$$

とくに，　$s\vec{a}+t\vec{b}+u\vec{c}=\vec{0} \Longleftrightarrow s=t=u=0$ ……(＊)

⚠注意　(＊) が成り立つとき，空間の3つのベクトル $\vec{a}$, $\vec{b}$, $\vec{c}$ は**一次独立**で
あるという。

■問 49　2つのベクトル

教科書
p.46
　　　$\vec{a}=(s+1,\ 6,\ t)$,　　$\vec{b}=(-2,\ t+4,\ -u-3)$
が等しくなるように，実数 s, t, u の値を定めよ。

- -

ガイド　点Oを原点とする座標空間において，
x 軸，y 軸，z 軸の正の向きの単位ベクト
ル $\vec{e_1}$, $\vec{e_2}$, $\vec{e_3}$ を**基本ベクトル**という。

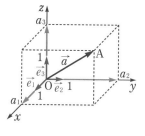

　ベクトル $\vec{a}$ に対して，$\vec{a}=\overrightarrow{\text{OA}}$ となる
点Aをとり，その座標を $(a_1,\ a_2,\ a_3)$ と
すると，$\vec{a}=a_1\vec{e_1}+a_2\vec{e_2}+a_3\vec{e_3}$ となる。
　これを $\vec{a}$ の**基本ベクトル表示**という。

　この a_1, a_2, a_3 をそれぞれ，$\vec{a}$ の **x 成分**，**y 成分**，**z 成分**といい，
$\vec{a}=(a_1,\ a_2,\ a_3)$ のようにも表す。これを $\vec{a}$ の**成分表示**という。

　とくに，$\vec{e_1}=(1,\ 0,\ 0)$, $\vec{e_2}=(0,\ 1,\ 0)$, $\vec{e_3}=(0,\ 0,\ 1)$,
$\vec{0}=(0,\ 0,\ 0)$ と表される。また，次のことが成り立つ。

ここがポイント ☞ **［ベクトルの相等］**

　$\vec{a}=(a_1,\ a_2,\ a_3)$, $\vec{b}=(b_1,\ b_2,\ b_3)$ のとき，
$$\vec{a}=\vec{b} \Longleftrightarrow a_1=b_1,\ a_2=b_2,\ a_3=b_3$$

解答▶ $\vec{a}=\vec{b}$ であるから,
$$s+1=-2, \quad 6=t+4, \quad t=-u-3$$
よって, $\quad s=-3, \ t=2, \ u=-5$

▨問 50 次のベクトル $\vec{a}$, $\vec{b}$ の大きさを求めよ。

教科書 **p.47**　(1) $\vec{a}=(-2, \ -3, \ 6)$　　(2) $\vec{b}=\left(\dfrac{1}{9}, \ -\dfrac{2}{9}, \ \dfrac{2}{9}\right)$

ガイド

ここがポイント ☞ [ベクトルの大きさ]
$\vec{a}=(a_1, \ a_2, \ a_3)$ のとき,
$$|\vec{a}|=\sqrt{a_1{}^2+a_2{}^2+a_3{}^2}$$

解答▶ (1) $|\vec{a}|=\sqrt{(-2)^2+(-3)^2+6^2}=\sqrt{49}=7$

(2) $|\vec{b}|=\sqrt{\left(\dfrac{1}{9}\right)^2+\left(-\dfrac{2}{9}\right)^2+\left(\dfrac{2}{9}\right)^2}=\sqrt{\dfrac{9}{9^2}}=\dfrac{1}{3}$

▨問 51 ベクトル $\vec{a}=(t, \ t-1, \ -2)$ の大きさが3となるように, 実数 t の値

教科書 **p.47** を定めよ。

ガイド $|\vec{a}|$ の公式を使って, t についての2次方程式を導く。

解答▶ $|\vec{a}|=3$ より, $\quad |\vec{a}|^2=3^2$
したがって, $\quad t^2+(t-1)^2+(-2)^2=3^2 \quad t^2-t-2=0$
よって, $\quad (t+1)(t-2)=0$ より, $\quad t=-1, \ 2$

▨問 52 $\vec{a}=(2, \ -4, \ 5)$, $\vec{b}=(4, \ 0, \ 3)$ のとき, 次のベクトルを成分で表せ。

教科書 **p.47** (1) $\vec{a}+\vec{b}$　　(2) $4\vec{a}$　　(3) $2\vec{a}-\vec{b}$　　(4) $3\vec{a}-4\vec{b}$

ガイド 空間のベクトルの和, 差, 実数倍を成分で表すと, 次のようになる。

ここがポイント ☞ [和, 差, 実数倍の成分]
① $(a_1, \ a_2, \ a_3)+(b_1, \ b_2, \ b_3)=(a_1+b_1, \ a_2+b_2, \ a_3+b_3)$
$(a_1, \ a_2, \ a_3)-(b_1, \ b_2, \ b_3)=(a_1-b_1, \ a_2-b_2, \ a_3-b_3)$
② $k(a_1, \ a_2, \ a_3)=(ka_1, \ ka_2, \ ka_3)$ （k は実数）

解答▶ (1)　$\vec{a}+\vec{b}=(2,\ -4,\ 5)+(4,\ 0,\ 3)=(\textbf{6},\ \textbf{-4},\ \textbf{8})$

(2)　$4\vec{a}=4(2,\ -4,\ 5)=(\textbf{8},\ \textbf{-16},\ \textbf{20})$

(3)　$2\vec{a}-\vec{b}=2(2,\ -4,\ 5)-(4,\ 0,\ 3)$
$\qquad\qquad=(4,\ -8,\ 10)-(4,\ 0,\ 3)=(\textbf{0},\ \textbf{-8},\ \textbf{7})$

(4)　$3\vec{a}-4\vec{b}=3(2,\ -4,\ 5)-4(4,\ 0,\ 3)$
$\qquad\qquad=(6,\ -12,\ 15)-(16,\ 0,\ 12)=(\textbf{-10},\ \textbf{-12},\ \textbf{3})$

問 53 $\vec{a}=(-1,\ 2,\ 3),\ \vec{b}=(0,\ 1,\ -2),\ \vec{c}=(3,\ -1,\ -4)$ のとき,

教科書 **p.48**　$\vec{d}=(1,\ 2,\ 4)$ を $s\vec{a}+t\vec{b}+u\vec{c}$ の形で表せ。

- -

ガイド $\vec{d}$ は, 実数 $s,\ t,\ u$ を用いて, $\vec{d}=s\vec{a}+t\vec{b}+u\vec{c}$ の形にただ1通りに表される。

$s\vec{a}+t\vec{b}+u\vec{c}$ を成分で表し, $\vec{d}$ のそれぞれの成分と一致するように $s,\ t,\ u$ の値を定める。

解答▶ $\vec{d}=s\vec{a}+t\vec{b}+u\vec{c}$ とすると,

$\quad(1,\ 2,\ 4)=s(-1,\ 2,\ 3)+t(0,\ 1,\ -2)+u(3,\ -1,\ -4)$
$\qquad\qquad\quad=(-s+3u,\ 2s+t-u,\ 3s-2t-4u)$

したがって,

$$\begin{cases} -s+3u=1 & \cdots\cdots\text{①} \\ 2s+t-u=2 & \cdots\cdots\text{②} \\ 3s-2t-4u=4 & \cdots\cdots\text{③} \end{cases}$$

①×2+② より,　　$t+5u=4$　　　$\cdots\cdots$④

①×3+③ より,　　$-2t+5u=7$　$\cdots\cdots$⑤

④-⑤ より,　　　$3t=-3$　　　$t=-1$

④に代入して,　　$-1+5u=4$　　$u=1$

①に代入して,　　$-s+3=1$　　　$s=2$

よって,　　$\vec{d}=2\vec{a}-\vec{b}+\vec{c}$

問 54 次の2点 A, B に対して, $\overrightarrow{AB}$ を成分で表し, $|\overrightarrow{AB}|$ を求めよ。

教科書 **p.48**　(1)　A(1,\ 0,\ 2), B(1,\ 2,\ 3)　　　　(2)　A(2,\ 5,\ 3), B(0,\ -2,\ -1)

- -

ガイド 2点 A$(a_1,\ a_2,\ a_3)$, B$(b_1,\ b_2,\ b_3)$ に対して,

$\overrightarrow{OA}=(a_1,\ a_2,\ a_3),\ \overrightarrow{OB}=(b_1,\ b_2,\ b_3),\ \overrightarrow{AB}=\overrightarrow{OB}-\overrightarrow{OA}$ であるから, 次のことが成り立つ。

ここがポイント 🖙 [$\overrightarrow{AB}$ の成分と大きさ]

2点 $A(a_1,\ a_2,\ a_3)$, $B(b_1,\ b_2,\ b_3)$ に対して,

$$\overrightarrow{AB}=(b_1-a_1,\ b_2-a_2,\ b_3-a_3)$$

$$|\overrightarrow{AB}|=\sqrt{(b_1-a_1)^2+(b_2-a_2)^2+(b_3-a_3)^2}$$

解答▶ (1)　$\overrightarrow{AB}=(1-1,\ 2-0,\ 3-2)=(0,\ 2,\ 1)$

　　　　　　$|\overrightarrow{AB}|=\sqrt{0^2+2^2+1^2}=\sqrt{5}$

　　　(2)　$\overrightarrow{AB}=(0-2,\ -2-5,\ -1-3)=(-2,\ -7,\ -4)$

　　　　　　$|\overrightarrow{AB}|=\sqrt{(-2)^2+(-7)^2+(-4)^2}=\sqrt{69}$

3 空間のベクトルの内積

▨問 55　教科書 49 ページの例 28 の立方体において, 次の内積を求めよ。

教科書
p.49

(1)　$\overrightarrow{AC}\cdot\overrightarrow{CG}$　　　　　　　　(2)　$\overrightarrow{AC}\cdot\overrightarrow{HE}$

(3)　$\overrightarrow{AC}\cdot\overrightarrow{EG}$　　　　　　　　(4)　$\overrightarrow{AC}\cdot\overrightarrow{AF}$

ガイド　空間の $\vec{0}$ でない 2 つのベクトル $\vec{a}$, $\vec{b}$ のなす角 θ
も, 平面の場合と同様に定義され $\vec{a}$ と $\vec{b}$ の内積を,

$\vec{a}\cdot\vec{b}=|\vec{a}||\vec{b}|\cos\theta$　$(0°\leqq\theta\leqq180°)$ で定義する。

$\vec{a}=\vec{0}$ または $\vec{b}=\vec{0}$ のときは, $\vec{a}\cdot\vec{b}=0$ と定める。

(1)　$\overrightarrow{CG}=\overrightarrow{AE}$ より, $\theta=\angle CAE$

(2)　$\overrightarrow{HE}=\overrightarrow{DA}$ より, $\theta=180°-\angle CAD$

(4)　$\triangle AFC$ は, $AF=FC=CA$ の正三角形

解答▶ (1)　$\overrightarrow{AC}\cdot\overrightarrow{CG}=|\overrightarrow{AC}||\overrightarrow{CG}|\cos90°$

　　　　　　　　$=\sqrt{2}\,a\times a\times0=0$

　　　(2)　$\overrightarrow{AC}\cdot\overrightarrow{HE}=|\overrightarrow{AC}||\overrightarrow{HE}|\cos135°$

　　　　　　　　$=\sqrt{2}\,a\times a\times\left(-\dfrac{1}{\sqrt{2}}\right)=-a^2$

　　　(3)　$\overrightarrow{AC}\cdot\overrightarrow{EG}=|\overrightarrow{AC}||\overrightarrow{EG}|\cos0°$

　　　　　　　　$=\sqrt{2}\,a\times\sqrt{2}\,a\times1=2a^2$

　　　(4)　$\overrightarrow{AC}\cdot\overrightarrow{AF}=|\overrightarrow{AC}||\overrightarrow{AF}|\cos60°$

　　　　　　　　$=\sqrt{2}\,a\times\sqrt{2}\,a\times\dfrac{1}{2}=a^2$

なす角の大きさは,
始点をそろえて調
べるよ。

問 56 次の2つのベクトル $\vec{a}$, $\vec{b}$ の内積 $\vec{a} \cdot \vec{b}$ を求めよ。

教科書 **p.50**
(1) $\vec{a}=(2,\ 1,\ -1)$, $\vec{b}=(0,\ -1,\ -5)$
(2) $\vec{a}=(-3,\ 2,\ 1)$, $\vec{b}=(2,\ 1,\ 4)$

ガイド 空間の2つのベクトルについても，次のことが成り立つ。

> **ここがポイント** ☞ ［内積と成分］
> $\vec{a}=(a_1,\ a_2,\ a_3)$, $\vec{b}=(b_1,\ b_2,\ b_3)$ のとき，
> $$\vec{a} \cdot \vec{b}=a_1 b_1+a_2 b_2+a_3 b_3$$

解答 (1) $\vec{a} \cdot \vec{b}=2\times0+1\times(-1)+(-1)\times(-5)=4$
(2) $\vec{a} \cdot \vec{b}=-3\times2+2\times1+1\times4=0$

同じ成分どうしを掛けて足すだけ！

プラスワン 空間のベクトルの内積についても，次の性質が成り立つ。

> **ポイントプラス** ☞ ［内積の性質］
> ① $\vec{a} \cdot \vec{a}=|\vec{a}|^2$
> ② $\vec{a} \cdot \vec{b}=\vec{b} \cdot \vec{a}$ 　交換法則
> ③ (1) $\vec{a} \cdot (\vec{b}+\vec{c})=\vec{a} \cdot \vec{b}+\vec{a} \cdot \vec{c}$ 　分配法則
> 　 (2) $(\vec{a}+\vec{b}) \cdot \vec{c}=\vec{a} \cdot \vec{c}+\vec{b} \cdot \vec{c}$
> ④ $(k\vec{a}) \cdot \vec{b}=\vec{a} \cdot (k\vec{b})=k(\vec{a} \cdot \vec{b})$ 　（k は実数）

問 57 次の2つのベクトル $\vec{a}$, $\vec{b}$ のなす角 θ を求めよ。

教科書 **p.50**
(1) $\vec{a}=(1,\ 2,\ 1)$, $\vec{b}=(2,\ 1,\ -1)$
(2) $\vec{a}=(1,\ -1,\ 2)$, $\vec{b}=(-4,\ 2,\ 3)$

ガイド 平面上のベクトルの場合と同様に，内積の定義 $\vec{a} \cdot \vec{b}=|\vec{a}||\vec{b}|\cos\theta$ から，$\cos\theta$ の値を求める等式を作ることができる。

> **ここがポイント** ☞ ［ベクトルのなす角］
> $\vec{0}$ でない2つのベクトル $\vec{a}=(a_1,\ a_2,\ a_3)$, $\vec{b}=(b_1,\ b_2,\ b_3)$ のなす角を θ とすると，$0°\leq\theta\leq180°$ であり，
> $$\cos\theta=\frac{\vec{a} \cdot \vec{b}}{|\vec{a}||\vec{b}|}=\frac{a_1 b_1+a_2 b_2+a_3 b_3}{\sqrt{a_1{}^2+a_2{}^2+a_3{}^2}\sqrt{b_1{}^2+b_2{}^2+b_3{}^2}}$$

$\vec{a} \cdot \vec{b}$, $|\vec{a}|$, $|\vec{b}|$ の値から $\cos\theta$ の値を計算し，θ の大きさを求める。

解答
(1) $\vec{a}\cdot\vec{b}=1\times2+2\times1+1\times(-1)=3$

$|\vec{a}|=\sqrt{1^2+2^2+1^2}=\sqrt{6}$, $\quad|\vec{b}|=\sqrt{2^2+1^2+(-1)^2}=\sqrt{6}$

よって, $\quad\cos\theta=\dfrac{\vec{a}\cdot\vec{b}}{|\vec{a}||\vec{b}|}=\dfrac{3}{\sqrt{6}\times\sqrt{6}}=\dfrac{1}{2}$

$0°\leqq\theta\leqq180°$ より, $\quad\theta=60°$

(2) $\vec{a}\cdot\vec{b}=1\times(-4)+(-1)\times2+2\times3=0$

よって, $\quad\cos\theta=0$

$0°\leqq\theta\leqq180°$ より, $\quad\theta=90°$

注意 (2) $\vec{a}\neq\vec{0}$, $\vec{b}\neq\vec{0}$ で, $\vec{a}\cdot\vec{b}=0$ であるから, $\quad\vec{a}\perp\vec{b}$

したがって, $\vec{a}$ と $\vec{b}$ のなす角は90°である。

問 58 次の2つのベクトルが垂直であるとき, x, y の値を求めよ。

教科書 p.51
(1) $\vec{a}=(x,\ 2,\ -6)$, $\vec{b}=(2,\ 3,\ 4)$
(2) $\vec{a}=(0,\ y,\ 1)$, $\vec{b}=(2,\ y+3,\ -4)$

- -

ガイド 空間の $\vec{0}$ でない2つのベクトルについても, 平面の場合と同様に, なす角が90°のとき, 垂直であると定義される。

また, 次のことが成り立つ。

ポイント プラス [ベクトルの垂直と内積]

$\vec{a}\neq\vec{0}$, $\vec{b}\neq\vec{0}$ で, $\vec{a}=(a_1,\ a_2,\ a_3)$, $\vec{b}=(b_1,\ b_2,\ b_3)$ のとき,

$$\vec{a}\perp\vec{b}\iff\vec{a}\cdot\vec{b}=0\iff a_1b_1+a_2b_2+a_3b_3=0$$

(1), (2)とも, $\vec{a}\neq\vec{0}$, $\vec{b}\neq\vec{0}$ であるから, 垂直条件を利用する。

$$\vec{a}\perp\vec{b}\iff\vec{a}\cdot\vec{b}=a_1b_1+a_2b_2+a_3b_3=0$$

x, または, y についての方程式を解く。

解答
(1) $\vec{a}\perp\vec{b}$ より, $\vec{a}\cdot\vec{b}=x\times2+2\times3+(-6)\times4=0$ であるから,

$2x+6-24=0$ $\quad x=9$

(2) $\vec{a}\perp\vec{b}$ より, $\vec{a}\cdot\vec{b}=0\times2+y\times(y+3)+1\times(-4)=0$ であるから,

$y^2+3y-4=0$

$(y-1)(y+4)=0$ $\quad y=1,\ -4$

問 59 2つのベクトル $\vec{a}=(1,\ -4,\ -1)$, $\vec{b}=(-2,\ 6,\ 1)$ の両方に垂直な単位ベクトル $\vec{e}$ を求めよ。

教科書 p.51
- -

ガイド $\vec{e}=(x,\ y,\ z)$ として，$\vec{a}\perp\vec{e}$，$\vec{b}\perp\vec{e}$，$|\vec{e}|=1$ の3つの条件から，x，y，z についての連立方程式を作る。

解答 求めるベクトル $\vec{e}$ を $\vec{e}=(x,\ y,\ z)$ とする。

$\vec{a}\perp\vec{e}$，$\vec{b}\perp\vec{e}$ より，　$\vec{a}\cdot\vec{e}=0$，$\vec{b}\cdot\vec{e}=0$

また，$|\vec{e}|=1$ より，　$|\vec{e}|^2=1$

これらを成分で表すと，次の連立方程式が得られる。

$$\begin{cases} x-4y-z=0 & \cdots\cdots① \\ -2x+6y+z=0 & \cdots\cdots② \\ x^2+y^2+z^2=1 & \cdots\cdots③ \end{cases}$$

①＋② より，　$-x+2y=0$　　$x=2y$　　$\cdots\cdots④$

これと①より，　$-2y-z=0$　　$z=-2y$　　$\cdots\cdots⑤$

④，⑤を③に代入すると，$9y^2=1$ となり，　$y=\pm\dfrac{1}{3}$

これらを④，⑤に代入して，

$$(x,\ y,\ z)=\left(\frac{2}{3},\ \frac{1}{3},\ -\frac{2}{3}\right),\ \left(-\frac{2}{3},\ -\frac{1}{3},\ \frac{2}{3}\right)$$

よって，求めるベクトルは，

$$\vec{e}=\left(\frac{2}{3},\ \frac{1}{3},\ -\frac{2}{3}\right),\ \left(-\frac{2}{3},\ -\frac{1}{3},\ \frac{2}{3}\right)$$

4 位置ベクトル

問 60 四面体 ABCD の重心を G とするとき，$\overrightarrow{GA}+\overrightarrow{GB}+\overrightarrow{GC}+\overrightarrow{GD}=\vec{0}$ が成り立つことを証明せよ。

教科書 **p.52**

ガイド 空間においても，基準となる点Oを定めておくと，点Aの位置は，$\overrightarrow{OA}=\vec{a}$ というベクトル $\vec{a}$ で定まる。この $\vec{a}$ を，点Oに関する点Aの位置ベクトルといい，点Aを A$(\vec{a})$ で表す。

空間の位置ベクトルについても，次のページの **ここがポイント** 🖘 が成り立つ。

また，四面体 ABCD の重心 G とは，△BCD の重心を G′ とすると，線分 AG′ を 3：1 に内分する点のことで，A$(\vec{a})$，B$(\vec{b})$，C$(\vec{c})$，D$(\vec{d})$，G$(\vec{g})$ とすると，　$\vec{g}=\dfrac{\vec{a}+\vec{b}+\vec{c}+\vec{d}}{4}$

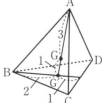

ここがポイント 📖 ［位置ベクトル］

① 2点 A($\vec{a}$), B($\vec{b}$) に対して, $\overrightarrow{AB}=\vec{b}-\vec{a}$

② 2点 A($\vec{a}$), B($\vec{b}$) に対して, 線分 AB を $m:n$ に内分する点を P($\vec{p}$), 外分する点を Q($\vec{q}$) とすると,

$$\vec{p}=\frac{n\vec{a}+m\vec{b}}{m+n}, \qquad \vec{q}=\frac{-n\vec{a}+m\vec{b}}{m-n}$$

とくに, 線分 AB の中点を M($\vec{m}$) とすると,

$$\vec{m}=\frac{\vec{a}+\vec{b}}{2}$$

③ 3点 A($\vec{a}$), B($\vec{b}$), C($\vec{c}$) を頂点とする △ABC の重心を G($\vec{g}$) とすると, $\quad\vec{g}=\dfrac{\vec{a}+\vec{b}+\vec{c}}{3}$

四面体 ABCD の重心を G($\vec{g}$), △BCD の重心を G′($\vec{g'}$) とすると, $\vec{g'}=\dfrac{\vec{b}+\vec{c}+\vec{d}}{3}$ であるから, $\vec{g}=\dfrac{\vec{a}+3\vec{g'}}{3+1}=\dfrac{\vec{a}+\vec{b}+\vec{c}+\vec{d}}{4}$ となる。

本問の証明には, $\overrightarrow{GA}=\vec{a}-\vec{g}$ などを用いる。

解答▶ A($\vec{a}$), B($\vec{b}$), C($\vec{c}$), D($\vec{d}$) とし, 重心を G($\vec{g}$) とおくと,

$\vec{g}=\dfrac{\vec{a}+\vec{b}+\vec{c}+\vec{d}}{4}$ であるから,

$$\overrightarrow{GA}+\overrightarrow{GB}+\overrightarrow{GC}+\overrightarrow{GD}=(\vec{a}-\vec{g})+(\vec{b}-\vec{g})+(\vec{c}-\vec{g})+(\vec{d}-\vec{g})$$
$$=\vec{a}+\vec{b}+\vec{c}+\vec{d}-4\vec{g}$$
$$=\vec{a}+\vec{b}+\vec{c}+\vec{d}-4\times\frac{\vec{a}+\vec{b}+\vec{c}+\vec{d}}{4}$$
$$=\vec{0}$$

▢問 61 教科書 53 ページの例題 11 の平行六面体で, 辺 AP の中点を M とする。

教科書 **p.53**　このとき, △BDP の重心 G は, 線分 CM 上にあることを証明せよ。

- -

ガイド 空間においても, 次のことが成り立つ。

ここがポイント 📖 ［一直線上にある3点］

2点 A, B が異なるとき,

点Pが直線 AB 上にある

　　$\Longleftrightarrow$ $\overrightarrow{AP}=k\overrightarrow{AB}$ となる実数 k がある

点Aに関する，それぞれの点の位置ベクトルを考え，$\overrightarrow{CG}=k\overrightarrow{CM}$ となる実数 k があることをいえばよい。

解答 $\overrightarrow{AB}=\vec{b}$, $\overrightarrow{AD}=\vec{d}$, $\overrightarrow{AP}=\vec{p}$ とすると，

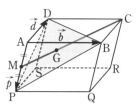

$$\overrightarrow{CM}=\overrightarrow{CD}+\overrightarrow{DA}+\overrightarrow{AM}$$

$$=-\vec{b}-\vec{d}+\frac{1}{2}\vec{p}=\frac{1}{2}(\vec{p}-2\vec{b}-2\vec{d})$$

$\overrightarrow{AG}=\dfrac{1}{3}(\vec{b}+\vec{d}+\vec{p})$, $\overrightarrow{AC}=\vec{b}+\vec{d}$ より，

$$\overrightarrow{CG}=\overrightarrow{AG}-\overrightarrow{AC}=\frac{1}{3}(\vec{b}+\vec{d}+\vec{p})-(\vec{b}+\vec{d})=\frac{1}{3}(\vec{p}-2\vec{b}-2\vec{d})$$

したがって， $\overrightarrow{CG}=\dfrac{2}{3}\overrightarrow{CM}$

よって，△BDP の重心 G は線分 CM 上にある。

問 62 四面体 ABCD において，AB⊥CD，BC⊥AD のとき，CA⊥BD であることを，内積を利用して証明せよ。

教科書 **p.54**

ガイド 点Aを基準とする位置ベクトルを考え，内積を利用する。

解答 $\overrightarrow{AB}=\vec{b}$, $\overrightarrow{AC}=\vec{c}$, $\overrightarrow{AD}=\vec{d}$ とする。

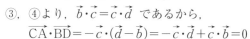

AB⊥CD，BC⊥AD であるから，

$\qquad \overrightarrow{AB}\cdot\overrightarrow{CD}=0 \qquad\cdots\cdots$①

$\qquad \overrightarrow{BC}\cdot\overrightarrow{AD}=0 \qquad\cdots\cdots$②

①より， $\vec{b}\cdot(\vec{d}-\vec{c})=0$

$\qquad\qquad \vec{b}\cdot\vec{c}=\vec{b}\cdot\vec{d} \quad\cdots\cdots$③

②より， $(\vec{c}-\vec{b})\cdot\vec{d}=0$

$\qquad\qquad \vec{c}\cdot\vec{d}=\vec{b}\cdot\vec{d} \quad\cdots\cdots$④

③，④より， $\vec{b}\cdot\vec{c}=\vec{c}\cdot\vec{d}$ であるから，

$\qquad \overrightarrow{CA}\cdot\overrightarrow{BD}=-\vec{c}\cdot(\vec{d}-\vec{b})=-\vec{c}\cdot\vec{d}+\vec{c}\cdot\vec{b}=0$

$\overrightarrow{CA}\neq\vec{0}$, $\overrightarrow{BD}\neq\vec{0}$ より， $\overrightarrow{CA}\perp\overrightarrow{BD}$

よって， CA⊥BD

⚠注意 空間において，ねじれの位置にある2直線 ℓ, m のなす角は，同じ平面上に平行移動して考えればよいことを，数学Aで学習している。空間の $\vec{0}$ でない2つのベクトル $\vec{a}$, $\vec{b}$ のなす角の考え方と共通する。

2直線 ℓ, m のなす角が90°のとき，2直線は垂直であるといい，$\ell\perp m$ とかく。

問 63　3点 A(1, 2, 3), B(2, 1, 4), C(3, 4, 1) を通る平面上に
教科書
p.55　点 P(0, y, 1) があるとき，y の値を求めよ。

ガイド

ここがポイント ☞ [同じ平面上にある4点]

一直線上にない3点 A，B，C を通る平面を α とすると，

点Pが平面 α 上にある

$\iff \overrightarrow{\mathrm{AP}} = s\overrightarrow{\mathrm{AB}} + t\overrightarrow{\mathrm{AC}}$ **となる実数 s，t がある**

本問のそれぞれのベクトルは，

$$\overrightarrow{\mathrm{AP}} = (0-1,\ y-2,\ 1-3)$$
$$= (-1,\ y-2,\ -2)$$
$$\overrightarrow{\mathrm{AB}} = (2-1,\ 1-2,\ 4-3)$$
$$= (1,\ -1,\ 1)$$
$$\overrightarrow{\mathrm{AC}} = (3-1,\ 4-2,\ 1-3) = (2,\ 2,\ -2)$$

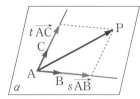

解答　$\overrightarrow{\mathrm{AP}} = s\overrightarrow{\mathrm{AB}} + t\overrightarrow{\mathrm{AC}}$ を満たす実数 s，t があるから，

$$(-1,\ y-2,\ -2) = s(1,\ -1,\ 1) + t(2,\ 2,\ -2)$$
$$= (s+2t,\ -s+2t,\ s-2t)$$

したがって，
$$\begin{cases} -1 = s+2t & \cdots\cdots① \\ y-2 = -s+2t & \cdots\cdots② \\ -2 = s-2t & \cdots\cdots③ \end{cases}$$

①＋③ より，　$-3 = 2s$，　$s = -\dfrac{3}{2}$

①－③ より，　$1 = 4t$，　$t = \dfrac{1}{4}$

②に代入すると，　$y-2 = \dfrac{3}{2} + \dfrac{1}{2}$　よって，　$\boldsymbol{y=4}$

成分の計算に
持ち込もう！

問 64　教科書 56 ページの例題 14 の平行六面体で，辺 EG を 2:3 に内分する
教科書
p.56　点を S，直線 OS が平面 ABC と交わる点を R とする。このとき，
OR：RS を求めよ。

ガイド　$\overrightarrow{\mathrm{OR}}$ を2通りに表すことを考える。

点Rは直線 OS 上にあるので，　　$\overrightarrow{\mathrm{OR}} = k\overrightarrow{\mathrm{OS}}$　（k は実数）

点Rは平面 ABC 上にあるので，　$\overrightarrow{\mathrm{AR}} = s\overrightarrow{\mathrm{AB}} + t\overrightarrow{\mathrm{AC}}$（$s$，$t$ は実数）
とそれぞれ表せる。

解答▶ $\overrightarrow{OA}=\vec{a}$, $\overrightarrow{OB}=\vec{b}$, $\overrightarrow{OC}=\vec{c}$ とすると，

点 R は直線 OS 上にあるので，
$\overrightarrow{OR}=k\overrightarrow{OS}$ となる実数 k がある。

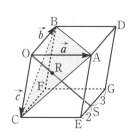

したがって，

$$\overrightarrow{OR}=k\overrightarrow{OS}=k\left(\vec{a}+\vec{c}+\frac{2}{5}\vec{b}\right)$$

$$=k\vec{a}+\frac{2}{5}k\vec{b}+k\vec{c} \quad\cdots\cdots①$$

また，点 R は平面 ABC 上にあるので，$\overrightarrow{AR}=s\overrightarrow{AB}+t\overrightarrow{AC}$ となる実数 s, t がある。

したがって，　$\overrightarrow{OR}-\overrightarrow{OA}=s(\overrightarrow{OB}-\overrightarrow{OA})+t(\overrightarrow{OC}-\overrightarrow{OA})$

$$\overrightarrow{OR}=(1-s-t)\overrightarrow{OA}+s\overrightarrow{OB}+t\overrightarrow{OC}$$

$$=(1-s-t)\vec{a}+s\vec{b}+t\vec{c} \quad\cdots\cdots②$$

①，②より，　$k\vec{a}+\dfrac{2}{5}k\vec{b}+k\vec{c}=(1-s-t)\vec{a}+s\vec{b}+t\vec{c}$

4 点 O，A，B，C は同一平面上にないから，

$$k=1-s-t, \qquad \frac{2}{5}k=s, \qquad k=t$$

これより，$k=1-\dfrac{2}{5}k-k$ であるから，　　$k=\dfrac{5}{12}$

よって，$\overrightarrow{OR}=\dfrac{5}{12}\overrightarrow{OS}$ より，　　OR：RS$=5:(12-5)=$**5：7**

問65 次の球面の方程式を求めよ。

教科書
p.57

(1) 中心 $(2, -1, 4)$，半径 2　　　　(2) 中心が原点，半径 3

(3) 直径の両端が 2 点 $(2, 3, 4)$，$(4, 5, 6)$

- -

ガイド 空間において，定点 C からの一定の距離 r の位置にある点 P の集合を，中心が C，半径が r の**球面**，または単に**球**という。

C$(\vec{c})$，P$(\vec{p})$ とすると，$|\overrightarrow{CP}|=r$ であるから，

$$|\vec{p}-\vec{c}|=r \quad\cdots\cdots①$$

①をこの球面の**ベクトル方程式**という。

両辺を 2 乗し，内積を用いると，　$(\vec{p}-\vec{c})\cdot(\vec{p}-\vec{c})=r^2 \quad\cdots\cdots②$

ここで，C(a, b, c)，P(x, y, z) とすると，②は，

$$(x-a)^2+(y-b)^2+(z-c)^2=r^2$$

これを，点Cを中心とする半径 r の**球面の方程式**という。

とくに，原点を中心とする半径 r の球面の方程式は，
$$x^2+y^2+z^2=r^2$$

解答
(1) $(x-2)^2+\{y-(-1)\}^2+(z-4)^2=2^2$

すなわち，$(x-2)^2+(y+1)^2+(z-4)^2=4$

(2) $x^2+y^2+z^2=3^2$

すなわち，$x^2+y^2+z^2=9$

(3) 球面の中心は，2点を両端とする直径の中点であるから，

$$\left(\frac{2+4}{2},\ \frac{3+5}{2},\ \frac{4+6}{2}\right)$$ すなわち，$(3,\ 4,\ 5)$

半径を r とすると，
$$r^2=(3-2)^2+(4-3)^2+(5-4)^2=3$$

よって，求める方程式は，$(x-3)^2+(y-4)^2+(z-5)^2=3$

空間における球面のベクトル方程式は，平面における円のベクトル方程式と同じような式だね。

問 66　球面 $(x-3)^2+(y+1)^2+(z-2)^2=10$ が各座標平面と交わってできる

教科書
p.57　図形の方程式をそれぞれ求めよ。

- -

ガイド　球面が xy 平面と交わってできる図形は円となる。xy 平面の方程式は $z=0$ で表されるから，球面の方程式において，$z=0$ とすればよい。

解答　xy 平面の方程式は，$z=0$ で表されるから，球面の方程式において $z=0$ とすると，**xy 平面と交わってできる図形の方程式**は，
$$(x-3)^2+(y+1)^2=6 \ \textbf{かつ} \ z=0$$

yz 平面の方程式は，$x=0$ で表されるから，球面の方程式において $x=0$ とすると，**yz 平面と交わってできる図形の方程式**は，
$$(y+1)^2+(z-2)^2=1 \ \textbf{かつ} \ x=0$$

zx 平面の方程式は，$y=0$ で表されるから，球面の方程式において $y=0$ とすると，**zx 平面と交わってできる図形の方程式**は，
$$(x-3)^2+(z-2)^2=9 \ \textbf{かつ} \ y=0$$

節末問題 | 第3節　空間のベクトル

☑ **1**
教科書
p.58
　2つのベクトル $\vec{p}=(2m-1,\ n,\ -2)$, $\vec{q}=(5,\ -18,\ -6)$ が平行となるように，m, n の値を定めよ。

ガイド $\vec{a}\neq\vec{0}$, $\vec{b}\neq\vec{0}$ のとき，$\vec{a}\,/\!/\,\vec{b}\iff\vec{b}\neq k\vec{a}$ となる実数 k がある。

解答 $\vec{p}\neq\vec{0}$, $\vec{q}\neq\vec{0}$ より，$\vec{p}=k\vec{q}$ となるような実数 k があればよいから，

$$(2m-1,\ n,\ -2)=k(5,\ -18,\ -6)$$
$$=(5k,\ -18k,\ -6k)$$

したがって，　$2m-1=5k$, $n=-18k$, $-2=-6k$

これを解いて，　$k=\dfrac{1}{3}$, $m=\dfrac{4}{3}$, $n=-6$

よって，　$\boldsymbol{m=\dfrac{4}{3}}$, $\boldsymbol{n=-6}$

☑ **2**
教科書
p.58
　2つのベクトル $\vec{a}=(x,\ 3,\ 0)$, $\vec{b}=(x+1,\ 4,\ x-1)$ のなす角が $45°$ となるように，x の値を定めよ。

ガイド 空間においても，$\vec{0}$ でない2つのベクトル $\vec{a}$, $\vec{b}$ のなす角 θ は，

$\vec{a}\cdot\vec{b}=|\vec{a}||\vec{b}|\cos\theta$ （$0°\leqq\theta\leqq180°$）で定義される。

$\vec{a}\cdot\vec{b}=|\vec{a}||\vec{b}|\cos45°$ となるように，x の値を定める。

解答 $\vec{a}\neq\vec{0}$, $\vec{b}\neq\vec{0}$ であり，

$$|\vec{a}|=\sqrt{x^2+3^2+0^2}=\sqrt{x^2+9}$$
$$|\vec{b}|=\sqrt{(x+1)^2+4^2+(x-1)^2}=\sqrt{2(x^2+9)}$$
$$\vec{a}\cdot\vec{b}=x(x+1)+3\times4+0\times(x-1)=x^2+x+12$$

なす角が $45°$ であるためには，

$$\vec{a}\cdot\vec{b}=|\vec{a}||\vec{b}|\cos45°$$

であればよいから

$$x^2+x+12=\sqrt{x^2+9}\times\sqrt{2(x^2+9)}\times\dfrac{1}{\sqrt{2}}$$

$$x^2+x+12=x^2+9$$

よって，　$\boldsymbol{x=-3}$

☐ **3**
教科書 **p.58**
$\vec{a}=(1,\ 1,\ -1)$, $\vec{b}=(2,\ -1,\ -1)$ とするとき，次の問いに答えよ。
(1) $\vec{a}+t\vec{b}$ が $\vec{b}$ に垂直になるような実数 t の値を求めよ。
(2) $|\vec{a}+t\vec{b}|$ を最小にする実数 t の値を求めよ。

ガイド (1) $(\vec{a}+t\vec{b})\cdot\vec{b}=0$ を満たす t の値を求める。
(2) $|\vec{a}+t\vec{b}|^2$ を計算して考える。$|\vec{a}+t\vec{b}|^2$ は，t の2次式になる。
平方完成して最小となる t の値を求める。

解答 $\vec{a}+t\vec{b}=(1,\ 1,\ -1)+t(2,\ -1,\ -1)=(1+2t,\ 1-t,\ -1-t)$
(1) $(\vec{a}+t\vec{b})\perp\vec{b}$ より $(\vec{a}+t\vec{b})\cdot\vec{b}=0$ であるから，
$$(\vec{a}+t\vec{b})\cdot\vec{b}=2(1+2t)-(1-t)-(-1-t)=6t+2=0$$
よって，　$t=-\dfrac{1}{3}$

(2) $|\vec{a}+t\vec{b}|^2=(1+2t)^2+(1-t)^2+(-1-t)^2=6t^2+4t+3$
$$=6\left(t+\dfrac{1}{3}\right)^2+\dfrac{7}{3}$$
$|\vec{a}+t\vec{b}|\geqq0$ より，$|\vec{a}+t\vec{b}|^2$ が最小のとき，$|\vec{a}+t\vec{b}|$ も最小となる。
よって，$|\vec{a}+t\vec{b}|$ を最小にする t の値は，　$t=-\dfrac{1}{3}$

☐ **4**
教科書 **p.58**
3点 A(0, 1, 2), B(1, 0, 1), C(4, −1, 2) について，次の問いに答えよ。
(1) $\overrightarrow{AB}$ と同じ向きの単位ベクトルを求めよ。
(2) $\overrightarrow{AB}$ と $\overrightarrow{BC}$ の両方に垂直な単位ベクトルを求めよ。

ガイド (1) $\overrightarrow{AB}$ と同じ向きの単位ベクトルは，$\dfrac{1}{|\overrightarrow{AB}|}\overrightarrow{AB}$ と表される。
(2) 求める単位ベクトルを $\vec{e}=(x,\ y,\ z)$ とすると，$\overrightarrow{AB}\perp\vec{e}$, $\overrightarrow{BC}\perp\vec{e}$, $|\vec{e}|=1$ である。これを用いて，$x,\ y,\ z$ を求める。

解答 (1) $\overrightarrow{AB}=(1,\ -1,\ -1)$ であるから，
$$|\overrightarrow{AB}|=\sqrt{1^2+(-1)^2+(-1)^2}=\sqrt{3}$$
よって，求める単位ベクトルは，
$$\dfrac{1}{|\overrightarrow{AB}|}\overrightarrow{AB}=\left(\dfrac{\sqrt{3}}{3},\ -\dfrac{\sqrt{3}}{3},\ -\dfrac{\sqrt{3}}{3}\right)$$
(2) 求める単位ベクトルを $\vec{e}=(x,\ y,\ z)$ とする。

$\overrightarrow{AB}\perp\vec{e}$, $\overrightarrow{BC}\perp\vec{e}$ より，　$\overrightarrow{AB}\cdot\vec{e}=0$, $\overrightarrow{BC}\cdot\vec{e}=0$

ここで，　$\overrightarrow{AB}=(1,\ -1,\ -1)$, $\overrightarrow{BC}=(3,\ -1,\ 1)$

また，$|\vec{e}|=1$ より，$|\vec{e}|^2=1$

これらを成分で表すと，次の連立方程式が得られる。

$$\begin{cases} x-y-z=0 & \cdots\cdots① \\ 3x-y+z=0 & \cdots\cdots② \\ x^2+y^2+z^2=1 & \cdots\cdots③ \end{cases}$$

①＋② より，　$4x-2y=0$　　$y=2x$ $\cdots\cdots④$

②－① より，　$2x+2z=0$　　$z=-x$ $\cdots\cdots⑤$

④，⑤を③に代入すると，$6x^2=1$ となり，　$x=\pm\dfrac{\sqrt{6}}{6}$

これらを④，⑤に代入して，

$$(x,\ y,\ z)=\left(\dfrac{\sqrt{6}}{6},\ \dfrac{\sqrt{6}}{3},\ -\dfrac{\sqrt{6}}{6}\right),\ \left(-\dfrac{\sqrt{6}}{6},\ -\dfrac{\sqrt{6}}{3},\ \dfrac{\sqrt{6}}{6}\right)$$

よって，求めるベクトルは，

$$\left(\dfrac{\sqrt{6}}{6},\ \dfrac{\sqrt{6}}{3},\ -\dfrac{\sqrt{6}}{6}\right),\ \left(-\dfrac{\sqrt{6}}{6},\ -\dfrac{\sqrt{6}}{3},\ \dfrac{\sqrt{6}}{6}\right)$$

☐ 5　1辺の長さが2である正四面体 ABCD において，辺 AB を 2：1 に内
教科書
p.58　分する点を P，辺 CD を 3：2 に内分する点を Q とするとき，内積
$\overrightarrow{PQ}\cdot\overrightarrow{AC}$ を求めよ。

ガイド　点Aを基準とする位置ベクトルを考える。

解答▶　$\overrightarrow{AB}=\vec{b}$, $\overrightarrow{AC}=\vec{c}$, $\overrightarrow{AD}=\vec{d}$ とすると，

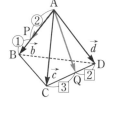

$\overrightarrow{AP}=\dfrac{2}{3}\vec{b}$, $\overrightarrow{AQ}=\dfrac{2\vec{c}+3\vec{d}}{3+2}=\dfrac{2\vec{c}+3\vec{d}}{5}$ より，

$\overrightarrow{PQ}\cdot\overrightarrow{AC}=(\overrightarrow{AQ}-\overrightarrow{AP})\cdot\overrightarrow{AC}$

$\qquad=\left(\dfrac{2\vec{c}+3\vec{d}}{5}-\dfrac{2}{3}\vec{b}\right)\cdot\vec{c}$

$\qquad=\dfrac{2}{5}|\vec{c}|^2+\dfrac{3}{5}\vec{d}\cdot\vec{c}-\dfrac{2}{3}\vec{b}\cdot\vec{c}$

ここで，　$|\vec{c}|=2$

$\qquad\vec{d}\cdot\vec{c}=\vec{b}\cdot\vec{c}=2\times2\times\cos60°=2$

よって，　$\overrightarrow{PQ}\cdot\overrightarrow{AC}=\dfrac{2}{5}\times2^2+\dfrac{3}{5}\times2-\dfrac{2}{3}\times2=\dfrac{8}{5}+\dfrac{6}{5}-\dfrac{4}{3}=\underline{\dfrac{22}{15}}$

☑ **6**
教科書
p.58
四面体 OABC において，辺 OA を 3：1 に内分する点を D，辺 OB の中点をEとする。また，辺 BC を 2：1 に内分する点をFと点Aを結ぶ線分 AF を 2：1 に内分する点を P，△CDE の重心をGとするとき，3点 O，G，P は一直線上にあることを証明せよ。

ガイド 点Oを基準とする位置ベクトルを考え，$\overrightarrow{OG}=k\overrightarrow{OP}$ となる実数kがあることを示す。

解答 $\overrightarrow{OA}=\vec{a}$，$\overrightarrow{OB}=\vec{b}$，$\overrightarrow{OC}=\vec{c}$ とすると，

$$\overrightarrow{OD}=\frac{3}{4}\vec{a},\quad \overrightarrow{OE}=\frac{\vec{b}}{2},\quad \overrightarrow{OF}=\frac{\vec{b}+2\vec{c}}{3}\quad \text{より，}$$

$$\overrightarrow{OP}=\frac{\overrightarrow{OA}+2\overrightarrow{OF}}{3}=\frac{\vec{a}+2\left(\dfrac{\vec{b}+2\vec{c}}{3}\right)}{3}$$

$$=\frac{1}{9}(3\vec{a}+2\vec{b}+4\vec{c})$$

$$\overrightarrow{OG}=\frac{\overrightarrow{OC}+\overrightarrow{OD}+\overrightarrow{OE}}{3}=\frac{\vec{c}+\dfrac{3}{4}\vec{a}+\dfrac{\vec{b}}{2}}{3}$$

$$=\frac{1}{12}(3\vec{a}+2\vec{b}+4\vec{c})$$

よって，　　$\overrightarrow{OG}=\dfrac{9}{12}\overrightarrow{OP}=\dfrac{3}{4}\overrightarrow{OP}$

したがって，3点 O，G，P は一直線上にある。

☑ **7**
教科書
p.58
球面 $(x-1)^2+(y-2)^2+(z-3)^2=25$ について，次の問いに答えよ。
(1) この球面の中心の座標と半径を求めよ。
(2) この球面が平面 $z=7$ と交わってできる図形の方程式を求めよ。

ガイド (1) 点 $C(a,\ b,\ c)$ を中心とする半径 r の球面の方程式は，
$$(x-a)^2+(y-b)^2+(z-c)^2=r^2$$
(2) 球面の方程式に $z=7$ を代入する。

解答 (1) 　　$(x-1)^2+(y-2)^2+(z-3)^2=5^2$
であるから，　　**中心の座標 $(1,\ 2,\ 3)$，半径 5**
(2) 球面の方程式に $z=7$ を代入すると，
$$(x-1)^2+(y-2)^2+4^2=25$$
よって，　　$(x-1)^2+(y-2)^2=9$ かつ $z=7$

章末問題

--- A ---

☐ **1**
教科書
p.59

2つのベクトル $\vec{a}=(-1,\ 2)$, $\vec{b}=(1,\ x)$ に対して, $2\vec{a}+3\vec{b}$ と $\vec{a}-2\vec{b}$ が平行になるように, x の値を定めよ。

ガイド $2\vec{a}+3\vec{b}$ と $\vec{a}-2\vec{b}$ が平行になるとき, $\vec{a}-2\vec{b}=k(2\vec{a}+3\vec{b})$ となる実数 k がある。

解答 $2\vec{a}+3\vec{b}=2(-1,\ 2)+3(1,\ x)=(1,\ 3x+4)$

$\vec{a}-2\vec{b}=(-1,\ 2)-2(1,\ x)=(-3,\ -2x+2)$

より, $2\vec{a}+3\vec{b}\neq\vec{0}$, $\vec{a}-2\vec{b}\neq\vec{0}$ である。

$2\vec{a}+3\vec{b}$ と $\vec{a}-2\vec{b}$ が平行になるとき, $\vec{a}-2\vec{b}=k(2\vec{a}+3\vec{b})$ となる実数 k があるから,

$$(-3,\ -2x+2)=k(1,\ 3x+4)$$
$$=(k,\ 3kx+4k)$$

したがって, $-3=k$, $-2x+2=3kx+4k$

$k=-3$ を $-2x+2=3kx+4k$ に代入して,

$$-2x+2=-9x-12$$
$$7x=-14$$

よって, **$x=-2$**

☐ **2**
教科書
p.59

$|\vec{a}|=2$, $|\vec{b}|=4$ のとき, $|3\vec{a}+\vec{b}|$ のとり得る値の範囲を求めよ。

ガイド $|3\vec{a}+\vec{b}|^2$ を計算し, 内積 $\vec{a}\cdot\vec{b}$ で $-1\leqq\cos\theta\leqq1$ であることを用いる。

解答 $|3\vec{a}+\vec{b}|^2=(3\vec{a}+\vec{b})\cdot(3\vec{a}+\vec{b})=9|\vec{a}|^2+6\vec{a}\cdot\vec{b}+|\vec{b}|^2$

$\qquad\qquad =9\times2^2+6\vec{a}\cdot\vec{b}+4^2=52+6\vec{a}\cdot\vec{b}$

$\vec{a}$ と $\vec{b}$ のなす角を $\theta\,(0°\leqq\theta\leqq180°)$ とすると,

$\vec{a}\cdot\vec{b}=|\vec{a}||\vec{b}|\cos\theta=2\times4\cos\theta=8\cos\theta$

$-1\leqq\cos\theta\leqq1$ より, $-8\leqq\vec{a}\cdot\vec{b}\leqq8$

よって, $52+6\times(-8)\leqq|3\vec{a}+\vec{b}|^2\leqq52+6\times8$

$\qquad\qquad\qquad 4\leqq|3\vec{a}+\vec{b}|^2\leqq100$

$|3\vec{a}+\vec{b}|>0$ であるから,
$$2\leq|3\vec{a}+\vec{b}|\leq10$$

3
教科書 **p.59**

平行四辺形 ABCD において,辺 AB を 1:3 に内分する点を E,辺 BC を 3:2 に外分する点を F,辺 CD の中点を G とする。$\overrightarrow{AB}=\vec{b}$,$\overrightarrow{AD}=\vec{d}$ とするとき,次の問いに答えよ。

(1) $\overrightarrow{AF}$,$\overrightarrow{AG}$ を,それぞれ $\vec{b}$,$\vec{d}$ を用いて表せ。

(2) 3点 E,F,G は一直線上にあることを示せ。

ガイド (1) $\overrightarrow{AC}$ を $\vec{b}$,$\vec{d}$ で表し,点Fは辺 BC を 3:2 に外分する点,点G は辺 CD の中点として,$\overrightarrow{AF}$,$\overrightarrow{AG}$ を求める。

(2) $\overrightarrow{EF}$,$\overrightarrow{EG}$ を $\vec{b}$,$\vec{d}$ で表し,$\overrightarrow{EF}=k\overrightarrow{EG}$ となる実数 k があることを示す。

解答 (1) $\overrightarrow{AC}=\overrightarrow{AB}+\overrightarrow{BC}=\overrightarrow{AB}+\overrightarrow{AD}=\vec{b}+\vec{d}$

点Fは辺 BC を 3:2 に外分する点であるから,

$$\overrightarrow{AF}=\frac{-2\overrightarrow{AB}+3\overrightarrow{AC}}{3-2}$$
$$=-2\vec{b}+3(\vec{b}+\vec{d})=\vec{b}+3\vec{d}$$

点Gは辺 CD の中点であるから,

$$\overrightarrow{AG}=\frac{\overrightarrow{AC}+\overrightarrow{AD}}{2}=\frac{(\vec{b}+\vec{d})+\vec{d}}{2}=\frac{\vec{b}+2\vec{d}}{2}$$

(2) $\overrightarrow{AE}=\frac{1}{4}\overrightarrow{AB}=\frac{1}{4}\vec{b}$ であるから,

$$\overrightarrow{EF}=\overrightarrow{AF}-\overrightarrow{AE}=(\vec{b}+3\vec{d})-\frac{1}{4}\vec{b}=\frac{3}{4}(\vec{b}+4\vec{d})$$

$$\overrightarrow{EG}=\overrightarrow{AG}-\overrightarrow{AE}=\frac{\vec{b}+2\vec{d}}{2}-\frac{1}{4}\vec{b}=\frac{1}{4}(\vec{b}+4\vec{d})$$

よって,　$\overrightarrow{EF}=3\overrightarrow{EG}$

したがって,3点 E,F,G は一直線上にある。

4
教科書 **p.59**

鋭角三角形 ABC において,頂点 B,C からそれぞれ直線 AC,AB に下ろした2つの垂線の交点をHとする。このとき,点Aから直線 BC に下ろした垂線は点Hを通ることを証明せよ。

ガイド $\overrightarrow{AB}=\vec{b}$, $\overrightarrow{AC}=\vec{c}$, $\overrightarrow{AH}=\vec{h}$ とし,
$\overrightarrow{BH}\cdot\overrightarrow{AC}=0$, $\overrightarrow{CH}\cdot\overrightarrow{AB}=0$ から,
$AH\perp BC$ を示す。

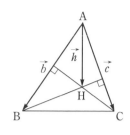

解答 $\overrightarrow{AB}=\vec{b}$, $\overrightarrow{AC}=\vec{c}$, $\overrightarrow{AH}=\vec{h}$ とする。

$BH\perp AC$, $CH\perp AB$ であるから,

$\quad\overrightarrow{BH}\cdot\overrightarrow{AC}=0 \quad\quad \cdots\cdots①$

$\quad\overrightarrow{CH}\cdot\overrightarrow{AB}=0 \quad\quad \cdots\cdots②$

①より, $(\vec{h}-\vec{b})\cdot\vec{c}=0$

すなわち, $\vec{h}\cdot\vec{c}=\vec{b}\cdot\vec{c} \quad\quad \cdots\cdots③$

②より, $(\vec{h}-\vec{c})\cdot\vec{b}=0$

すなわち, $\vec{h}\cdot\vec{b}=\vec{b}\cdot\vec{c} \quad\quad \cdots\cdots④$

③, ④より, $\vec{h}\cdot\vec{c}=\vec{h}\cdot\vec{b}$

$\quad\overrightarrow{AH}\cdot\overrightarrow{BC}=\vec{h}\cdot(\vec{c}-\vec{b})$

$\quad\quad\quad\quad\quad=\vec{h}\cdot\vec{c}-\vec{h}\cdot\vec{b}=0$

$\overrightarrow{AH}\neq\vec{0}$, $\overrightarrow{BC}\neq\vec{0}$ であるから,

$\quad AH\perp BC$

よって, 点Aから直線BCに下ろした垂線は点Hを通る。

5
教科書 **p.59**
$\triangle OAB$ に対して, $\overrightarrow{OP}=s\overrightarrow{OA}+t\overrightarrow{OB}$ とおく。実数 s, t が $2s+3t=1$ を満たしながら変化するとき, 点Pの存在範囲を求めよ。

ガイド $2s+3t=1$ に着目して, $\overrightarrow{OP}=2s\left(\dfrac{1}{2}\overrightarrow{OA}\right)+3t\left(\dfrac{1}{3}\overrightarrow{OB}\right)$ と変形する。

解答 $2s+3t=1$ より, $2s=s'$, $3t=t'$ とおくと, $s'+t'=1$ で,

$$\overrightarrow{OP}=s\overrightarrow{OA}+t\overrightarrow{OB}=2s\left(\frac{1}{2}\overrightarrow{OA}\right)+3t\left(\frac{1}{3}\overrightarrow{OB}\right)$$

$$=s'\left(\frac{1}{2}\overrightarrow{OA}\right)+t'\left(\frac{1}{3}\overrightarrow{OB}\right)$$

$\dfrac{1}{2}\overrightarrow{OA}=\overrightarrow{OA'}$, $\dfrac{1}{3}\overrightarrow{OB}=\overrightarrow{OB'}$

を満たす点 A', B' をとると,

$\quad\overrightarrow{OP}=s'\overrightarrow{OA'}+t'\overrightarrow{OB'} \ (s'+t'=1)$

よって, 点Pの存在範囲は, **直線 $A'B'$** である。

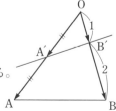

□ **6**
教科書 **p.59**

ベクトル $\vec{a}=(1,\ -1,\ -\sqrt{2})$ と x 軸，y 軸，z 軸の正の向きとのなす角を，それぞれ求めよ。

ガイド　x 軸，y 軸，z 軸の正の向きの単位ベクトルをそれぞれ，
$\vec{e_1}=(1,\ 0,\ 0)$, $\vec{e_2}=(0,\ 1,\ 0)$, $\vec{e_3}=(0,\ 0,\ 1)$ として，$\vec{a}$ とこれらのなす角をそれぞれ考える。

解答　x 軸，y 軸，z 軸の正の向きの単位ベクトルをそれぞれ，
$\vec{e_1}=(1,\ 0,\ 0)$, $\vec{e_2}=(0,\ 1,\ 0)$, $\vec{e_3}=(0,\ 0,\ 1)$ とすると，
$$\vec{a}\cdot\vec{e_1}=1,\ \vec{a}\cdot\vec{e_2}=-1,\ \vec{a}\cdot\vec{e_3}=-\sqrt{2},$$
$$|\vec{a}|=\sqrt{1^2+(-1)^2+(-\sqrt{2})^2}=\sqrt{4}=2,\ |\vec{e_1}|=|\vec{e_2}|=|\vec{e_3}|=1$$

$\vec{a}$ と $\vec{e_1}$, $\vec{e_2}$, $\vec{e_3}$ のなす角をそれぞれ θ_1, θ_2, θ_3 とすると，$\vec{a}$ と x 軸，y 軸，z 軸の正の向きとのなす角は，それぞれ θ_1, θ_2, θ_3 となり，

$$\cos\theta_1=\frac{\vec{a}\cdot\vec{e_1}}{|\vec{a}||\vec{e_1}|}=\frac{1}{2\times1}=\frac{1}{2}$$

$$\cos\theta_2=\frac{\vec{a}\cdot\vec{e_2}}{|\vec{a}||\vec{e_2}|}=\frac{-1}{2\times1}=-\frac{1}{2}$$

$$\cos\theta_3=\frac{\vec{a}\cdot\vec{e_3}}{|\vec{a}||\vec{e_3}|}=\frac{-\sqrt{2}}{2\times1}=-\frac{1}{\sqrt{2}}$$

よって，$0°\leqq\theta_1\leqq180°$, $0°\leqq\theta_2\leqq180°$, $0°\leqq\theta_3\leqq180°$ より，$\theta_1=60°$，$\theta_2=120°$, $\theta_3=135°$ であるから，

　　　　x 軸の正の向きとのなす角は，$60°$

　　　　y 軸の正の向きとのなす角は，$120°$

　　　　z 軸の正の向きとのなす角は，$135°$

□ **7**
教科書 **p.59**

1辺の長さが1である正四面体 OABC において，辺 OA，BC 上に，それぞれ点 P，Q をとる。$\overrightarrow{OA}=\vec{a}$, $\overrightarrow{OB}=\vec{b}$, $\overrightarrow{OC}=\vec{c}$, $|\overrightarrow{OP}|=s$, $|\overrightarrow{BQ}|=t$ とするとき，次の問いに答えよ。

(1)　$\overrightarrow{PQ}$ を，s, t, $\vec{a}$, $\vec{b}$, $\vec{c}$ を用いて表せ。

(2)　$\overrightarrow{PQ}\perp\overrightarrow{OA}$ かつ $\overrightarrow{PQ}\perp\overrightarrow{BC}$ のとき，定数 s, t の値を求めよ。

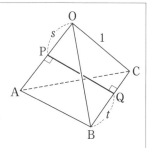

ガイド　(1)　点 Q は，辺 BC を $t:(1-t)$ に内分する点である。

(2)　正四面体の各面は正三角形であり，$|\vec{a}|=|\vec{b}|=|\vec{c}|=1$　また，$\vec{a}$ と $\vec{b}$，$\vec{b}$ と $\vec{c}$，$\vec{c}$ と $\vec{a}$ のなす角はそれぞれ $60°$ である。

解答 (1)　OP : PA $= s:(1-s)$ より，　$\overrightarrow{\mathrm{OP}}=s\vec{a}$

BQ : QC $= t:(1-t)$ より，　$\overrightarrow{\mathrm{OQ}}=(1-t)\vec{b}+t\vec{c}$

よって，　$\overrightarrow{\mathrm{PQ}}=\overrightarrow{\mathrm{OQ}}-\overrightarrow{\mathrm{OP}}=\{(1-t)\vec{b}+t\vec{c}\}-s\vec{a}$

$$=-s\vec{a}+(1-t)\vec{b}+t\vec{c}$$

(2)　$|\vec{a}|=|\vec{b}|=|\vec{c}|=1$，$\vec{a}\cdot\vec{b}=\vec{b}\cdot\vec{c}=\vec{c}\cdot\vec{a}=1\times1\times\cos60°=\dfrac{1}{2}$ であるから，

$$\overrightarrow{\mathrm{PQ}}\cdot\overrightarrow{\mathrm{OA}}=\{-s\vec{a}+(1-t)\vec{b}+t\vec{c}\}\cdot\vec{a}$$
$$=-s|\vec{a}|^2+(1-t)\vec{a}\cdot\vec{b}+t\vec{c}\cdot\vec{a}$$
$$=-s+\frac{1}{2}(1-t)+\frac{1}{2}t=-s+\frac{1}{2}$$
$$\overrightarrow{\mathrm{PQ}}\cdot\overrightarrow{\mathrm{BC}}=\{-s\vec{a}+(1-t)\vec{b}+t\vec{c}\}\cdot(\vec{c}-\vec{b})$$
$$=-s\vec{c}\cdot\vec{a}+s\vec{a}\cdot\vec{b}+(1-t)\vec{b}\cdot\vec{c}-(1-t)|\vec{b}|^2$$
$$+t|\vec{c}|^2-t\vec{b}\cdot\vec{c}$$
$$=-\frac{1}{2}s+\frac{1}{2}s+\frac{1}{2}(1-t)-(1-t)+t-\frac{1}{2}t$$
$$=t-\frac{1}{2}$$

$\overrightarrow{\mathrm{PQ}}\perp\overrightarrow{\mathrm{OA}}$，$\overrightarrow{\mathrm{PQ}}\perp\overrightarrow{\mathrm{BC}}$ のとき，　$\overrightarrow{\mathrm{PQ}}\cdot\overrightarrow{\mathrm{OA}}=0$，$\overrightarrow{\mathrm{PQ}}\cdot\overrightarrow{\mathrm{BC}}=0$

したがって，　$-s+\dfrac{1}{2}=0$，$t-\dfrac{1}{2}=0$

よって，　$s=\dfrac{1}{2}$，$t=\dfrac{1}{2}$

8
教科書 **p.60**　四面体 ABCD において，$\mathrm{AB}^2+\mathrm{CD}^2=\mathrm{AC}^2+\mathrm{BD}^2$ を満たすならば，$\mathrm{AD}\perp\mathrm{BC}$ であることを，ベクトルを用いて証明せよ。

ガイド　4点 A，B，C，D の位置ベクトルをそれぞれ，$\vec{a}$，$\vec{b}$，$\vec{c}$，$\vec{d}$ として，たとえば，$\mathrm{AB}^2=|\overrightarrow{\mathrm{AB}}|^2=|\vec{b}-\vec{a}|^2$ などを使う。

$\mathrm{AD}\perp\mathrm{BC}$ を証明するには，$\overrightarrow{\mathrm{AD}}\cdot\overrightarrow{\mathrm{BC}}=0$ を示せばよい。

解答　4点 A，B，C，D の位置ベクトルを，それぞれ $\vec{a}$，$\vec{b}$，$\vec{c}$，$\vec{d}$ とすると，条件より，$|\overrightarrow{\mathrm{AB}}|^2+|\overrightarrow{\mathrm{CD}}|^2=|\overrightarrow{\mathrm{AC}}|^2+|\overrightarrow{\mathrm{BD}}|^2$ であるから，

$$|\vec{b}-\vec{a}|^2+|\vec{d}-\vec{c}|^2=|\vec{c}-\vec{a}|^2+|\vec{d}-\vec{b}|^2$$

$$(|\vec{b}|^2 - 2\vec{a}\cdot\vec{b} + |\vec{a}|^2) + (|\vec{d}|^2 - 2\vec{c}\cdot\vec{d} + |\vec{c}|^2)$$
$$= (|\vec{c}|^2 - 2\vec{a}\cdot\vec{c} + |\vec{a}|^2) + (|\vec{d}|^2 - 2\vec{b}\cdot\vec{d} + |\vec{b}|^2)$$

整理すると，
$$\vec{c}\cdot\vec{d} - \vec{b}\cdot\vec{d} - \vec{a}\cdot\vec{c} + \vec{a}\cdot\vec{b} = 0 \qquad \vec{d}\cdot(\vec{c}-\vec{b}) - \vec{a}\cdot(\vec{c}-\vec{b}) = 0$$
$$(\vec{d}-\vec{a})\cdot(\vec{c}-\vec{b}) = 0 \qquad \overrightarrow{AD}\cdot\overrightarrow{BC} = 0$$
$$\overrightarrow{AD}\neq\vec{0}，\ \overrightarrow{BC}\neq\vec{0}\ \ \text{より，} \qquad \overrightarrow{AD}\perp\overrightarrow{BC}$$
よって，　　AD⊥BC

9

教科書 **p.60**

2点 A(-1, 0, 2)，B(4, -3, 4) を通る直線が，xy 平面と交わる点の座標を求めよ。

ガイド xy 平面と交わる点を P(x, y, 0) とおくと，$\overrightarrow{AP}=k\overrightarrow{AB}$ となる実数 k がある。

解答 xy 平面と交わる点を P(x, y, 0) とおくと，
$$\overrightarrow{AP}=(x+1,\ y,\ -2)，\quad \overrightarrow{AB}=(5,\ -3,\ 2)$$
点Pは直線 AB 上の点より，$\overrightarrow{AP}=k\overrightarrow{AB}$ となる実数 k があるから，
$$(x+1,\ y,\ -2)=k(5,\ -3,\ 2)=(5k,\ -3k,\ 2k)$$
したがって，$\begin{cases} x+1=5k \\ y=-3k \\ -2=2k \end{cases}$

これを解いて，　$k=-1$，$x=-6$，$y=3$
よって，求める点の座標は，　　$(-6,\ 3,\ 0)$

10

教科書 **p.60**

平行六面体 OADB-CEGF において，辺 DG の延長上に $\overrightarrow{GM}=2\overrightarrow{DG}$ となるような点 M をとり，直線 OM が平面 ABC と交わる点をNとする。$\overrightarrow{OA}=\vec{a}$，$\overrightarrow{OB}=\vec{b}$，$\overrightarrow{OC}=\vec{c}$ とするとき，次の問いに答えよ。
(1) $\overrightarrow{OM}$ を $\vec{a}$，$\vec{b}$，$\vec{c}$ で表せ。　　(2) $\overrightarrow{ON}$ を $\vec{a}$，$\vec{b}$，$\vec{c}$ で表せ。

ガイド (2) 点Nは直線 OM 上にあるから，$\overrightarrow{ON}=k\overrightarrow{OM}$（$k$ は実数）とおける。また，点Nは平面 ABC 上にあるから，$\overrightarrow{AN}=s\overrightarrow{AB}+t\overrightarrow{AC}$（$s$, t は実数）より，$\overrightarrow{ON}=(1-s-t)\vec{a}+s\vec{b}+t\vec{c}$ とおける。
これらを用いて k の値を求める。

解答 (1) $\overrightarrow{OM}=\overrightarrow{OG}+\overrightarrow{GM}=(\overrightarrow{OA}+\overrightarrow{AD}+\overrightarrow{DG})+2\overrightarrow{DG}$
$$=(\vec{a}+\vec{b}+\vec{c})+2\vec{c}=\boldsymbol{\vec{a}+\vec{b}+3\vec{c}}$$

(2)　点Nは直線 OM 上にあるから，
$$\overrightarrow{\text{ON}}=k\overrightarrow{\text{OM}} \quad \cdots\cdots①$$
となる実数 k がある。

①より，
$$\overrightarrow{\text{ON}}=k(\vec{a}+\vec{b}+3\vec{c})$$
$$=k\vec{a}+k\vec{b}+3k\vec{c} \quad \cdots\cdots②$$

また，点Nは平面 ABC 上にあるから，
$$\overrightarrow{\text{AN}}=s\overrightarrow{\text{AB}}+t\overrightarrow{\text{AC}} \quad \cdots\cdots③$$
となる実数 s，t がある。

③より，
$$\overrightarrow{\text{ON}}-\overrightarrow{\text{OA}}=s(\overrightarrow{\text{OB}}-\overrightarrow{\text{OA}})+t(\overrightarrow{\text{OC}}-\overrightarrow{\text{OA}})$$
$$\overrightarrow{\text{ON}}=(1-s-t)\vec{a}+s\vec{b}+t\vec{c} \quad \cdots\cdots④$$

②，④より，　$k\vec{a}+k\vec{b}+3k\vec{c}=(1-s-t)\vec{a}+s\vec{b}+t\vec{c}$

4点 O，A，B，C は同一平面上にないから，
$$k=1-s-t,\ k=s,\ 3k=t$$

これより，$k=1-k-3k$ であるから，$k=\dfrac{1}{5}$

よって，②より，　$\overrightarrow{\text{ON}}=\dfrac{1}{5}\vec{a}+\dfrac{1}{5}\vec{b}+\dfrac{3}{5}\vec{c}$

B

□ **11**
教科書
p.60
円Oに内接する △ABC があり，AB=4，AC=6，
∠BAC=60° とするとき，次の問いに答えよ。

(1)　内積 $\overrightarrow{\text{AB}}\cdot\overrightarrow{\text{AO}}$ と $\overrightarrow{\text{AC}}\cdot\overrightarrow{\text{AO}}$ を求めよ。

(2)　$\overrightarrow{\text{AO}}=x\overrightarrow{\text{AB}}+y\overrightarrow{\text{AC}}$ となる実数 x，y の
値を求めよ。

ガイド　(1)　$\overrightarrow{\text{AB}}\cdot\overrightarrow{\text{AO}}=|\overrightarrow{\text{AB}}||\overrightarrow{\text{AO}}|\cos\angle\text{OAB}$
$\overrightarrow{\text{AC}}\cdot\overrightarrow{\text{AO}}=|\overrightarrow{\text{AC}}||\overrightarrow{\text{AO}}|\cos\angle\text{OAC}$
円の中心Oが △ABC の外心であることに着目し，まず
$|\overrightarrow{\text{AO}}|\cos\angle\text{OAB}$，$|\overrightarrow{\text{AO}}|\cos\angle\text{OAC}$ の値を求める。

(2)　$\overrightarrow{\text{AB}}\cdot\overrightarrow{\text{AO}}$ と $\overrightarrow{\text{AC}}\cdot\overrightarrow{\text{AO}}$ を x，y を用いて表す。

解答▶ (1) 辺 AB, AC の中点をそれぞれ M, N と
し, $\angle OAB = \theta_1$, $\angle OAC = \theta_2$ とする。

点 O は △ABC の外心であるから,

AB⊥OM, AC⊥ON より,

$\quad$ AO$\cos\theta_1$＝AM＝2,

$\quad$ AO$\cos\theta_2$＝AN＝3

よって,

$\quad \overrightarrow{AB} \cdot \overrightarrow{AO} = |\overrightarrow{AB}| \times |\overrightarrow{AO}| \cos\theta_1 = 4 \times 2 = 8$

$\quad \overrightarrow{AC} \cdot \overrightarrow{AO} = |\overrightarrow{AC}| \times |\overrightarrow{AO}| \cos\theta_2 = 6 \times 3 = 18$

(2) $\overrightarrow{AB} \cdot \overrightarrow{AC} = |\overrightarrow{AB}||\overrightarrow{AC}| \cos 60° = 4 \times 6 \times \dfrac{1}{2} = 12$ より,

$\quad \overrightarrow{AB} \cdot \overrightarrow{AO} = \overrightarrow{AB} \cdot (x\overrightarrow{AB} + y\overrightarrow{AC})$

$\qquad\qquad = x|\overrightarrow{AB}|^2 + y\overrightarrow{AB} \cdot \overrightarrow{AC}$

$\qquad\qquad = x \times 4^2 + y \times 12 = 16x + 12y$

$\quad \overrightarrow{AC} \cdot \overrightarrow{AO} = \overrightarrow{AC} \cdot (x\overrightarrow{AB} + y\overrightarrow{AC})$

$\qquad\qquad = x\overrightarrow{AB} \cdot \overrightarrow{AC} + y|\overrightarrow{AC}|^2$

$\qquad\qquad = x \times 12 + y \times 6^2 = 12x + 36y$

(1)より, $\overrightarrow{AB} \cdot \overrightarrow{AO} = 8$, $\overrightarrow{AC} \cdot \overrightarrow{AO} = 18$ であるから,

$\quad 16x + 12y = 8, \qquad 12x + 36y = 18$

すなわち, $\quad 4x + 3y = 2, \qquad 2x + 6y = 3$

これを解いて, $\quad x = \dfrac{1}{6}, \quad y = \dfrac{4}{9}$

12
教科書 **p.60**

△OAB において, OA＝1, OB＝2, AB＝2 とする。辺 OB の中点を
M, 頂点 O より辺 AB に下ろした垂線と直線 AM の交点を P とする。
$\overrightarrow{OA} = \vec{a}$, $\overrightarrow{OB} = \vec{b}$ として, 次の問いに答えよ。

(1) 内積 $\vec{a} \cdot \vec{b}$ を求めよ。 (2) $\overrightarrow{OP}$ を $\vec{a}$, $\vec{b}$ を用いて表せ。

ガイド (1) $|\overrightarrow{AB}|^2$ を考える。

(2) AP：PM＝t：$(1-t)$ とおく。OP⊥AB より, $\overrightarrow{OP} \cdot \overrightarrow{AB} = 0$
であることを利用して, t の値を求める。

解答▶ (1) $\overrightarrow{AB} = \vec{b} - \vec{a}$ より, $\quad |\overrightarrow{AB}|^2 = |\vec{b} - \vec{a}|^2 = |\vec{b}|^2 - 2\vec{a} \cdot \vec{b} + |\vec{a}|^2$

したがって, $\quad 2^2 = 2^2 - 2\vec{a} \cdot \vec{b} + 1^2 \quad$ よって, $\quad \vec{a} \cdot \vec{b} = \dfrac{1}{2}$

(2) AP : PM $= t : (1-t)$ とおくと，

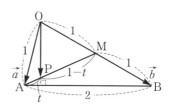

$$\overrightarrow{OP} = (1-t)\overrightarrow{OA} + t\overrightarrow{OM}$$

$$= (1-t)\overrightarrow{OA} + \frac{1}{2}t\overrightarrow{OB}$$

$$= (1-t)\vec{a} + \frac{1}{2}t\vec{b}$$

OP⊥AB より，

$$\overrightarrow{OP} \cdot \overrightarrow{AB} = \left\{ (1-t)\vec{a} + \frac{1}{2}t\vec{b} \right\} \cdot (\vec{b} - \vec{a})$$

$$= (t-1)|\vec{a}|^2 + \left(1 - \frac{3}{2}t \right)\vec{a}\cdot\vec{b} + \frac{1}{2}t|\vec{b}|^2$$

$$= (t-1)\times 1^2 + \left(1 - \frac{3}{2}t \right)\times\frac{1}{2} + \frac{1}{2}t\times 2^2$$

$$= \frac{9}{4}t - \frac{1}{2} = 0$$

したがって，　$t = \dfrac{2}{9}$

よって，　$\overrightarrow{OP} = \dfrac{7}{9}\vec{a} + \dfrac{1}{9}\vec{b}$

□ **13**

教科書 **p.60**

　△ABC と点Pが $2\overrightarrow{PA} + 3\overrightarrow{PB} + 4\overrightarrow{PC} = \vec{0}$ を満たしている。このとき，次の問いに答えよ。

(1) 直線 AP と辺 BC の交点をDとするとき，BD : DC，AP : PD を求めよ。

(2) △PBC，△PCA，△PAB の面積の比を求めよ。

ガイド (1) $2\overrightarrow{PA} + 3\overrightarrow{PB} + 4\overrightarrow{PC} = \vec{0}$ を変形し，$\overrightarrow{AP}$ を $\overrightarrow{AB}$, $\overrightarrow{AC}$ で表す。

解答 (1) $2\overrightarrow{PA} + 3\overrightarrow{PB} + 4\overrightarrow{PC} = \vec{0}$ より，

$$-2\overrightarrow{AP} + 3(\overrightarrow{AB} - \overrightarrow{AP}) + 4(\overrightarrow{AC} - \overrightarrow{AP}) = \vec{0}$$

$$-9\overrightarrow{AP} = -3\overrightarrow{AB} - 4\overrightarrow{AC}$$

したがって，

$$\overrightarrow{AP} = \frac{3\overrightarrow{AB} + 4\overrightarrow{AC}}{9} = \frac{7}{9}\left(\frac{3\overrightarrow{AB} + 4\overrightarrow{AC}}{7} \right)$$

$$= \frac{7}{9}\left(\frac{3\overrightarrow{AB} + 4\overrightarrow{AC}}{4 + 3} \right)$$

　これより，辺 BC を 4 : 3 に内分する点は，直線 AP 上にあるから，直線 AP と辺 BC の交点Dは，辺 BC を 4 : 3 に内分する

点である。

よって，$\overrightarrow{\mathrm{AP}}=\dfrac{7}{9}\overrightarrow{\mathrm{AD}}$ より，点Pは線分 AD を 7：2 に内分する

点である。

したがって，　**BD：DC=4：3，AP：PD=7：2**

(2) △ABC の面積を S とする。

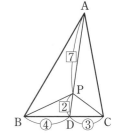

$$\triangle\mathrm{PBC}=\dfrac{2}{9}S$$

$$\triangle\mathrm{PCA}=\dfrac{7}{9}\triangle\mathrm{ADC}=\dfrac{7}{9}\times\dfrac{3}{7}S=\dfrac{1}{3}S$$

$$\triangle\mathrm{PAB}=\dfrac{7}{9}\triangle\mathrm{ABD}=\dfrac{7}{9}\times\dfrac{4}{7}S=\dfrac{4}{9}S$$

よって，

$$\triangle\mathrm{PBC}：\triangle\mathrm{PCA}：\triangle\mathrm{PAB}=\dfrac{2}{9}S：\dfrac{1}{3}S：\dfrac{4}{9}S=\mathbf{2：3：4}$$

14
教科書 **p.61**

3 点 A(1，1，4)，B(2，1，5)，C(3，−1，8) を頂点とする △ABC の面積を求めよ。

ガイド 三角形の面積は，2 辺の長さとその間の角の大きさがわかれば計算できる。たとえば，$|\overrightarrow{\mathrm{AB}}|$，$|\overrightarrow{\mathrm{AC}}|$，∠BAC の大きさを求める。

解答 $\overrightarrow{\mathrm{AB}}=(1，0，1)$，$\overrightarrow{\mathrm{AC}}=(2，−2，4)$ より，

$\overrightarrow{\mathrm{AB}}\cdot\overrightarrow{\mathrm{AC}}=1\times2+0\times(−2)+1\times4=6$

$|\overrightarrow{\mathrm{AB}}|=\sqrt{1^2+0^2+1^2}=\sqrt{2}$

$|\overrightarrow{\mathrm{AC}}|=\sqrt{2^2+(−2)^2+4^2}=\sqrt{24}=2\sqrt{6}$

したがって，　$\cos\angle\mathrm{BAC}=\dfrac{\overrightarrow{\mathrm{AB}}\cdot\overrightarrow{\mathrm{AC}}}{|\overrightarrow{\mathrm{AB}}||\overrightarrow{\mathrm{AC}}|}=\dfrac{6}{\sqrt{2}\times2\sqrt{6}}=\dfrac{\sqrt{3}}{2}$

$0°<\angle\mathrm{BAC}<180°$ より，　∠BAC=30°

よって，△ABC$=\dfrac{1}{2}|\overrightarrow{\mathrm{AB}}||\overrightarrow{\mathrm{AC}}|\sin\angle\mathrm{BAC}$

$$=\dfrac{1}{2}\times\sqrt{2}\times2\sqrt{6}\times\sin30°=\sqrt{3}$$

15
教科書 **p.61**

空間において，直線 ℓ が，平面 α 上の交わる 2 直線 m，n に垂直ならば，$\ell\perp\alpha$ であることをベクトルを用いて証明せよ。

ガイド 直線 ℓ が，平面 α 上の任意の直線 k に垂
直であることを示せばよい。

　直線 ℓ，m，n それぞれに平行な1つの
ベクトルを $\vec{p}$，$\vec{a}$，$\vec{b}$ とおくと，直線 k に平
行なベクトルは，$\vec{q}=s\vec{a}+t\vec{b}$（$s$，$t$ は実数）
と表されるから，$\ell \perp m$，$\ell \perp n$ から，
$\vec{p}\cdot\vec{q}=0$ を導く。

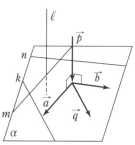

解答 直線 ℓ が，平面 α 上の任意の直線 k に垂直であることを示せばよい。

　直線 ℓ の方向ベクトルの1つを $\vec{p}$，直線 m の方向ベクトルの1つ
を $\vec{a}$，直線 n の方向ベクトルの1つを $\vec{b}$ とする。

　まず，直線 ℓ は2直線 m，n に垂直であるから，
$$\vec{p}\cdot\vec{a}=0,\ \vec{p}\cdot\vec{b}=0 \quad\cdots\cdots①$$

　一方，2直線 m，n は交わるから，平面 α 上のベクトル $\vec{a}$，$\vec{b}$ は，一
次独立である。

　したがって，平面 α 上の直線 k を任意にとると，その方向ベクトル
は，
$$\vec{q}=s\vec{a}+t\vec{b} \quad (s,\ t\ \text{は実数})$$
の形で表される。

　ここで，直線 ℓ の方向ベクトル $\vec{p}$ と直線 k の方向ベクトル $\vec{q}$ の内
積を考えると，①より，
$$\begin{aligned}
\vec{p}\cdot\vec{q}&=\vec{p}\cdot(s\vec{a}+t\vec{b})\\
&=s(\vec{p}\cdot\vec{a})+t(\vec{p}\cdot\vec{b})\\
&=0
\end{aligned}$$

　これは，$\ell \perp k$ を意味している。ここで，k は平面 α 上の任意の直
線である。

　よって，$\ell \perp \alpha$

注意 空間における直線の**方向ベクトル**については，教科書 p.147「直線
の方程式」の中で紹介されている。

☐ **16**
教科書
p.61
　正四面体 OABC において，辺 BC を 2：3 に内分する点を P，線分 OP を 5：3 に内分する点を Q とする。また，線分 AQ の中点を R，直線 OR が平面 ABC と交わる点を S とするとき，次の問いに答えよ。

(1) $\overrightarrow{OR}$ を $\overrightarrow{OA}$，$\overrightarrow{OB}$，$\overrightarrow{OC}$ を用いて表せ。

(2) OR：RS を求めよ。

ガイド (2) $\overrightarrow{OS}=k\overrightarrow{OR}$（$k$ は実数）とおき，点 S が平面 ABC 上にあるような k の値を求める。

解答 (1)
$$\overrightarrow{OR}=\frac{\overrightarrow{OA}+\overrightarrow{OQ}}{2}$$
$$\overrightarrow{OQ}=\frac{5}{8}\overrightarrow{OP}=\frac{5}{8}\times\frac{3\overrightarrow{OB}+2\overrightarrow{OC}}{2+3}$$
$$=\frac{3\overrightarrow{OB}+2\overrightarrow{OC}}{8}$$

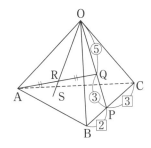

したがって，
$$\overrightarrow{OR}=\frac{1}{2}\overrightarrow{OA}+\frac{3}{16}\overrightarrow{OB}+\frac{1}{8}\overrightarrow{OC}$$

(2) 点 S は直線 OR 上にあるので，$\overrightarrow{OS}=k\overrightarrow{OR}$ となる実数 k がある。したがって，
$$\overrightarrow{OS}=\frac{1}{2}k\overrightarrow{OA}+\frac{3}{16}k\overrightarrow{OB}+\frac{1}{8}k\overrightarrow{OC}　　\cdots\cdots①$$

また，点 S は平面 ABC 上にあるので，$\overrightarrow{AS}=s\overrightarrow{AB}+t\overrightarrow{AC}$ となる実数 s，t がある。したがって，
$$\overrightarrow{OS}-\overrightarrow{OA}=s(\overrightarrow{OB}-\overrightarrow{OA})+t(\overrightarrow{OC}-\overrightarrow{OA})$$
$$\overrightarrow{OS}=(1-s-t)\overrightarrow{OA}+s\overrightarrow{OB}+t\overrightarrow{OC}　　\cdots\cdots②$$

4 点 O，A，B，C は同一平面上にないから，①，②より，
$$\frac{1}{2}k=1-s-t,\quad\frac{3}{16}k=s,\quad\frac{1}{8}k=t$$

これより，$\dfrac{1}{2}k=1-\dfrac{3}{16}k-\dfrac{1}{8}k$ であるから，$k=\dfrac{16}{13}$

よって，$\overrightarrow{OS}=\dfrac{16}{13}\overrightarrow{OR}$ より，**OR：RS＝13：3**

☑ **17**

教科書 **p.61**

3点 A(2, 1, 0), B(1, 2, 1), C(2, −1, 4) を通る平面 α がある。原点Oから平面 α に下ろした垂線を OH とするとき, $\overrightarrow{OH}\perp\overrightarrow{AB}$, $\overrightarrow{OH}\perp\overrightarrow{AC}$ であることを利用して, 点Hの座標を求めよ。

ガイド $\overrightarrow{AH}=s\overrightarrow{AB}+t\overrightarrow{AC}$ (s, t は実数) とおき, $\overrightarrow{OH}\cdot\overrightarrow{AB}=0$, $\overrightarrow{OH}\cdot\overrightarrow{AC}=0$ であることから, s, t の値を求める。

解答 点Hは平面 α 上にあるから, $\overrightarrow{AH}=s\overrightarrow{AB}+t\overrightarrow{AC}$ となる実数 s, t がある。

これより, $\overrightarrow{OH}-\overrightarrow{OA}=s(\overrightarrow{OB}-\overrightarrow{OA})+t(\overrightarrow{OC}-\overrightarrow{OA})$ であるから,

$$\overrightarrow{OH}=(1-s-t)\overrightarrow{OA}+s\overrightarrow{OB}+t\overrightarrow{OC}$$
$$=(1-s-t)(2, 1, 0)+s(1, 2, 1)+t(2, -1, 4)$$
$$=(2-s, 1+s-2t, s+4t)$$

$\overrightarrow{OH}\perp\overrightarrow{AB}$, $\overrightarrow{OH}\perp\overrightarrow{AC}$ より, $\overrightarrow{OH}\cdot\overrightarrow{AB}=0$, $\overrightarrow{OH}\cdot\overrightarrow{AC}=0$

$\overrightarrow{AB}=(-1, 1, 1)$, $\overrightarrow{AC}=(0, -2, 4)$ であるから,

$$\overrightarrow{OH}\cdot\overrightarrow{AB}=-(2-s)+(1+s-2t)+(s+4t)=3s+2t-1$$
$$\overrightarrow{OH}\cdot\overrightarrow{AC}=0\times(2-s)-2(1+s-2t)+4(s+4t)=2s+20t-2$$

したがって, $3s+2t-1=0$, $2s+20t-2=0$

これを解いて, $s=\dfrac{2}{7}$, $t=\dfrac{1}{14}$

よって, $\overrightarrow{OH}=\left(\dfrac{12}{7}, \dfrac{8}{7}, \dfrac{4}{7}\right)$ となるから, 点Hの座標は,

$$\left(\dfrac{12}{7}, \dfrac{8}{7}, \dfrac{4}{7}\right)$$

18
教科書
p.61

　2つの球面 $(x-2)^2+(y-3)^2+(z+1)^2=2$,
$(x-4)^2+(y-2)^2+(z+3)^2=5$ を，それぞれ A，B とすると，A，B が交わる部分は円である。この円を C とするとき，次の問いに答えよ。

(1)　2つの球面 A，B の中心の座標と半径を，それぞれ求めよ。また，中心間の距離を求めよ。

(2)　円 C の中心の座標と半径を求めよ。

ガイド　(2)　三平方の定理を利用する。

解答　(1)　球面 A の**中心の座標**は $(2,\ 3,\ -1)$，**A の半径**は $\sqrt{2}$ である。
　　　また，**球面 B の中心の座標**は $(4,\ 2,\ -3)$，**B の半径**は $\sqrt{5}$ である。
　　　中心間の距離は，
$$\sqrt{(4-2)^2+(2-3)^2+\{-3-(-1)\}^2}=\sqrt{9}=3$$

(2)　球面 A，B と円 C の中心をそれぞれ A，B，C とする。

　　　$AC=k$ とすると，$AB=3$ より，
　　　　$BC=3-k$

　　　ここで，円 C の半径を r とする。
　　　$r^2+k^2=(\sqrt{2})^2$ より，
　　　　$r^2+k^2=2$　……①
　　　$r^2+(3-k)^2=(\sqrt{5})^2$ より，
　　　　$r^2+(3-k)^2=5$　……②
　　　②－①より，
　　　　$(3-k)^2-k^2=3$
　　　　$-6k+6=0$
　　　　$k=1$

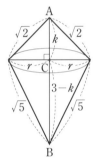

　　　したがって，$AC=1$，$BC=2$ より，　$AC:CB=1:2$
　　　これより，点 C の座標は，
$$\left(\frac{2\times2+1\times4}{1+2},\ \frac{2\times3+1\times2}{1+2},\ \frac{2\times(-1)+1\times(-3)}{1+2}\right)$$
　　　すなわち，$\left(\dfrac{8}{3},\ \dfrac{8}{3},\ -\dfrac{5}{3}\right)$

　　　また，$r>0$ であるから，①より，　$r=\sqrt{2-1^2}=1$
　　　よって，円 C の**中心の座標**は $\left(\dfrac{8}{3},\ \dfrac{8}{3},\ -\dfrac{5}{3}\right)$，**半径**は 1 である。

第2章 複素数平面

第1節 複素数平面

1 複素数平面

問 1 次の点を複素数平面上に図示せよ。

教科書
p.65
(1) P(3+2i)　　(2) Q(3−2i)　　(3) R(−1)　　(4) S(3i)

- -

ガイド 複素数 $z = a + bi$ を座標平面上の点 $(a,\ b)$
で表すとき，この平面を**複素数平面**といい，x
軸を**実軸**，y 軸を**虚軸**という。

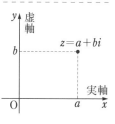

実軸上の点は実数を表し，原点Oを除く虚軸
上の点は純虚数を表す。原点Oは0を表す。

また，複素数 z を表す点Pを**点 P(z)**，また
は，**点 z** と書く。本問の点 P，Q，R，S はそれぞれ，座標平面上の点
$(3,\ 2)$，$(3,\ -2)$，$(-1,\ 0)$，$(0,\ 3)$ の各点に対応する。

解答

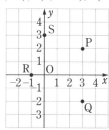

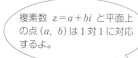
複素数 $z = a + bi$ と平面上
の点 $(a,\ b)$ は1対1に対応
するよ。

問 2 $\alpha = a + bi$，$\beta = c + di$ として，次の①〜④を確かめよ。

教科書
p.65

- -

ガイド 複素数 $z = a + bi$ に対して，その共役な
複素数 $a - bi$ を $\bar{z}$ で表す。

複素数平面上では，4点 z，$-z$，$\bar{z}$，$-\bar{z}$ の
位置関係は，右の図のようである。

なお，$\bar{\bar{z}} = z$ が成り立つ。

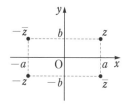

複素数 z について，次のことが成り立つ。

z が実数　$\iff$　$\bar{z}=z$

z が純虚数　$\iff$　$\bar{z}=-z$，$z \neq 0$

ここがポイント ☞ ［共役な複素数の性質］

1　$\overline{\alpha+\beta}=\bar{\alpha}+\bar{\beta}$　　　2　$\overline{\alpha-\beta}=\bar{\alpha}-\bar{\beta}$

3　$\overline{\alpha\beta}=\bar{\alpha}\,\bar{\beta}$　　　4　$\overline{\left(\dfrac{\alpha}{\beta}\right)}=\dfrac{\bar{\alpha}}{\bar{\beta}}$ $(\beta \neq 0)$

左辺と右辺をそれぞれ計算し，同じ複素数になることを示す。

解答▶ 1　$\overline{\alpha+\beta}=\overline{(a+bi)+(c+di)}=\overline{(a+c)+(b+d)i}$
　　　　$=(a+c)-(b+d)i$
　　$\bar{\alpha}+\bar{\beta}=\overline{(a+bi)}+\overline{(c+di)}=a-bi+c-di$
　　　　$=(a+c)-(b+d)i$
　　よって，　$\overline{\alpha+\beta}=\bar{\alpha}+\bar{\beta}$

2　$\overline{\alpha-\beta}=\overline{(a+bi)-(c+di)}=\overline{(a-c)+(b-d)i}$
　　　　$=(a-c)-(b-d)i$
　　$\bar{\alpha}-\bar{\beta}=\overline{(a+bi)}-\overline{(c+di)}=a-bi-(c-di)$
　　　　$=(a-c)-(b-d)i$
　　よって，　$\overline{\alpha-\beta}=\bar{\alpha}-\bar{\beta}$

3　$\overline{\alpha\beta}=\overline{(a+bi)(c+di)}=\overline{(ac-bd)+(ad+bc)i}$
　　　　$=(ac-bd)-(ad+bc)i$
　　$\bar{\alpha}\,\bar{\beta}=\overline{(a+bi)}\,\overline{(c+di)}=(a-bi)(c-di)$
　　　　$=(ac-bd)-(ad+bc)i$
　　よって，　$\overline{\alpha\beta}=\bar{\alpha}\,\bar{\beta}$

4　$\dfrac{\alpha}{\beta}=\dfrac{a+bi}{c+di}=\dfrac{(a+bi)(c-di)}{(c+di)(c-di)}=\dfrac{(ac+bd)-(ad-bc)i}{c^2+d^2}$
　であるから，
$$\overline{\left(\dfrac{\alpha}{\beta}\right)}=\dfrac{ac+bd}{c^2+d^2}+\dfrac{ad-bc}{c^2+d^2}i$$
$$\dfrac{\bar{\alpha}}{\bar{\beta}}=\dfrac{a-bi}{c-di}=\dfrac{(a-bi)(c+di)}{(c-di)(c+di)}=\dfrac{ac+bd}{c^2+d^2}+\dfrac{ad-bc}{c^2+d^2}i$$
　よって，　$\overline{\left(\dfrac{\alpha}{\beta}\right)}=\dfrac{\bar{\alpha}}{\bar{\beta}}$

⚠注意　虚数単位，複素数，共役な複素数や，複素数の相等，四則計算などは，数学Ⅱで学習した。

問 3　$\alpha=3+2i$, $\beta=1-i$ のとき，次の複素数を表す点を図示せよ。

教科書 **p.66**

(1)　$\alpha+\beta$　　　(2)　$\alpha-\beta$　　　(3)　2α　　　(4)　$2\alpha+\beta$

ガイド　複素数の和，差，実数倍の図形的意味を調べる。

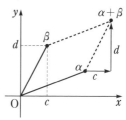

2 つの複素数 $\alpha=a+bi$, $\beta=c+di$ の和は，$\alpha+\beta=(a+c)+(b+d)i$ となり，点 $\alpha+\beta$ は，点 α を実軸方向に c，虚軸方向に d だけ平行移動した点である。このことを点 $\alpha+\beta$ は，点 α を β だけ**平行移動**した点であるという。

また，点 $\alpha-\beta$ は，点 α を $-\beta$ だけ平行移動した点である。

(1)　α を実軸方向に 1，虚軸方向に -1 だけ，

(2)　α を実軸方向に -1，虚軸方向に 1 だけ，

(4)　2α を実軸方向に 1，虚軸方向に -1 だけ，それぞれ平行移動する。

解答▶

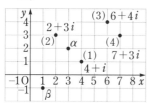

⚠注意　3 点 $\mathrm{O}(0)$，$\mathrm{A}(\alpha)$，$\mathrm{B}(\beta)$ が一直線上にないとき，点 $\mathrm{C}(\alpha+\beta)$ は，2 辺 OA，OB で作られる平行四辺形の第 4 の頂点である。

また，(3)の 3 点 O，α，2α のように，0 でない複素数 α，実数 k に対し，3 点 O，α，$k\alpha$ は一直線上にある。

一般に，$\alpha\neq0$ のとき，次のことが成り立つ。

ポイント プラス ☞ ［3 点が一直線上にある条件］

点 β が原点 O と点 α を結ぶ直線上にある

$$\Longleftrightarrow \beta=k\alpha \text{ となる実数 } k \text{ がある}$$

問 4　次の複素数の絶対値を求めよ。

教科書 **p.67**

(1)　$3+4i$　　　　　(2)　$-3i$　　　　　(3)　$-\sqrt{5}$

ガイド　点 z と原点Oとの間の距離を複素数 z の
絶対値といい，$|z|$ で表す。

$z=a+bi$ のとき，
$$|z|=|a+bi|=\sqrt{a^2+b^2}$$
である。また，$|z|\geqq0$ であり，
$$|z|=0 \iff z=0$$
さらに，4点 z，$-z$，$\overline{z}$，$-\overline{z}$ は原点からの距離が等しいので，
$$|z|=|-z|=|\overline{z}|=|-\overline{z}|$$

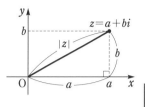

解答　(1)　$|3+4i|=\sqrt{3^2+4^2}=\mathbf{5}$

　　　(2)　$-3i$ は虚軸上の点であるから，　　$|-3i|=\mathbf{3}$

　　　(3)　$-\sqrt{5}$ は実軸上の点であるから，　　$|-\sqrt{5}\,|=\sqrt{5}$

問 5　下の$\boxed{1}$を用いて，$\boxed{2}$，$\boxed{3}$を確かめよ。

教科書
p.67
- -

ガイド　複素数 z，α，β の絶対値について，次の性質が成り立つ。

> **ここがポイント** ☞ ［複素数の絶対値の性質］
>
> $\boxed{1}$ $|z|^2=z\overline{z}$　　$\boxed{2}$ $|\alpha\beta|=|\alpha||\beta|$　　$\boxed{3}$ $\left|\dfrac{\alpha}{\beta}\right|=\dfrac{|\alpha|}{|\beta|}$ $(\beta\neq0)$

$\boxed{2}$は，$|\alpha\beta|^2$ を，$\boxed{3}$は，$\left|\dfrac{\alpha}{\beta}\right|^2$ を，それ

ぞれ，証明済み（教科書 p.67）の
　　　$\boxed{1}$ $|z|^2=z\overline{z}$
を用いて計算する。

$\overline{\alpha\beta}=\overline{\alpha}\,\overline{\beta}$，$\overline{\left(\dfrac{\alpha}{\beta}\right)}=\dfrac{\overline{\alpha}}{\overline{\beta}}$
でしたね。

解答　$\boxed{2}$　$|\alpha\beta|^2=(\alpha\beta)\overline{(\alpha\beta)}=\alpha\beta\overline{\alpha}\,\overline{\beta}=\alpha\overline{\alpha}\beta\overline{\beta}=|\alpha|^2|\beta|^2=(|\alpha||\beta|)^2$

　　　　　$|\alpha\beta|\geqq0$，$|\alpha||\beta|\geqq0$ より，　　$|\alpha\beta|=|\alpha||\beta|$

　　　$\boxed{3}$　$\left|\dfrac{\alpha}{\beta}\right|^2=\dfrac{\alpha}{\beta}\cdot\overline{\left(\dfrac{\alpha}{\beta}\right)}=\dfrac{\alpha}{\beta}\cdot\dfrac{\overline{\alpha}}{\overline{\beta}}=\dfrac{\alpha\overline{\alpha}}{\beta\overline{\beta}}=\dfrac{|\alpha|^2}{|\beta|^2}$

　　　　　　$=\left(\dfrac{|\alpha|}{|\beta|}\right)^2$

　　　　　$\left|\dfrac{\alpha}{\beta}\right|\geqq0$，$\dfrac{|\alpha|}{|\beta|}\geqq0$ より，　　$\left|\dfrac{\alpha}{\beta}\right|=\dfrac{|\alpha|}{|\beta|}$

問 6 次の 2 点 α, β に対して, 2 点間の距離を求めよ.

教科書 **p.67**

(1) $\alpha=-1+2i$, $\beta=3-5i$　　　(2) $\alpha=2-2i$, $\beta=4+3i$

ガイド 2 点 $A(\alpha)$, $B(\beta)$ 間の距離を考える.

3 点 O, A, B が一直線上にないとき, 点 $C(\beta-\alpha)$ とすると, 四角形 OABC は平行四辺形であり, OC=AB

したがって, 次のことが成り立つ.

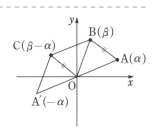

2 点 α, β 間の距離は,　$|\beta-\alpha|$

解答 (1) $|\beta-\alpha|=|(3-5i)-(-1+2i)|=|4-7i|=\sqrt{4^2+(-7)^2}=\sqrt{65}$

(2) $|\beta-\alpha|=|(4+3i)-(2-2i)|=|2+5i|=\sqrt{2^2+5^2}=\sqrt{29}$

2 複素数の極形式

問 7 次の複素数を極形式で表せ. ただし, 偏角 θ は $0 \leqq \theta < 2\pi$ とする.

教科書 **p.69**

(1) $-1+\sqrt{3}\,i$　　(2) $2-2i$　　(3) $-i$　　(4) -4

ガイド 複素数の別の表し方を考える.

複素数平面上で, 0 でない複素数 $z=a+bi$ を表す点を P とする.

OP の長さを r とする. 実軸の正の部分を始線として動径 OP の表す一般角を θ とする.

このとき, $a=r\cos\theta$, $b=r\sin\theta$ となるから, 0 でない複素数 z は, 次の形で表すこともできる.

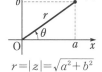

$$z=r(\cos\theta+i\sin\theta)\quad(r>0)$$

これを, 複素数 z の**極形式**という.

角 θ を, z の**偏角**といい, $\arg z$ で表す. 角 θ は弧度法で表す.

偏角 θ は, $0 \leqq \theta < 2\pi$ の範囲では, ただ 1 通りに定まる.

複素数 z の偏角は, その 1 つを θ_0 とすると, 次の形に表される.

$$\arg z=\theta_0+2n\pi\quad(n=0,\ \pm1,\ \pm2,\ \cdots\cdots)$$

ここがポイント ☞ ［複素数の極形式］

$z \neq 0$ のとき,　$z=a+bi=r(\cos\theta+i\sin\theta)$

ただし, $r=|z|=\sqrt{a^2+b^2}$, $\cos\theta=\dfrac{a}{r}$, $\sin\theta=\dfrac{b}{r}$

第
2
章

複
素
数
平
面

解答▶　複素数の絶対値を r，偏角を θ とする。

(1)　$r=\sqrt{(-1)^2+(\sqrt{3}\,)^2}=2$

$\cos\theta=-\dfrac{1}{2}$，$\sin\theta=\dfrac{\sqrt{3}}{2}$　より，　$\theta=\dfrac{2}{3}\pi$

よって，　$-1+\sqrt{3}\,i=2\left(\cos\dfrac{2}{3}\pi+i\sin\dfrac{2}{3}\pi\right)$

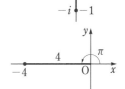

(2)　$r=\sqrt{2^2+(-2)^2}=2\sqrt{2}$

$\cos\theta=\dfrac{1}{\sqrt{2}}$，$\sin\theta=-\dfrac{1}{\sqrt{2}}$　より，　$\theta=\dfrac{7}{4}\pi$

よって，　$2-2i=2\sqrt{2}\left(\cos\dfrac{7}{4}\pi+i\sin\dfrac{7}{4}\pi\right)$

(3)　$r=|-i|=1$

$\cos\theta=0$，$\sin\theta=-1$　より，　$\theta=\dfrac{3}{2}\pi$

よって，　$-i=\cos\dfrac{3}{2}\pi+i\sin\dfrac{3}{2}\pi$

(4)　$r=|-4|=4$

$\cos\theta=-1$，$\sin\theta=0$　より，　$\theta=\pi$

よって，　$-4=4(\cos\pi+i\sin\pi)$

✓問 8　絶対値 r と偏角 θ が次のようになる複素数 z を $a+bi$ の形で表せ。

教科書 **p.69**

(1)　$r=1$，$\theta=\dfrac{\pi}{3}$　　　　　　(2)　$r=2$，$\theta=\dfrac{7}{6}\pi$

- -

ガイド　$z=r(\cos\theta+i\sin\theta)$ に，絶対値 r と偏角 θ の値を代入する。

解答▶　(1)　$z=\cos\dfrac{\pi}{3}+i\sin\dfrac{\pi}{3}=\dfrac{1}{2}+\dfrac{\sqrt{3}}{2}i$

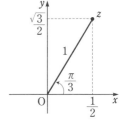

(2)　$z=2\left(\cos\dfrac{7}{6}\pi+i\sin\dfrac{7}{6}\pi\right)$

$=2\left(-\dfrac{\sqrt{3}}{2}-\dfrac{1}{2}i\right)$

$=-\sqrt{3}-i$

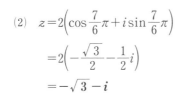

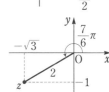

問 9 教科書 p.69　0 でない複素数 $z=r(\cos\theta+i\sin\theta)$ について，関係式 $|z|^2=z\bar{z}$ を用いて，$\dfrac{1}{z}=\dfrac{1}{r}\{\cos(-\theta)+i\sin(-\theta)\}$ となることを示せ。

ガイド　複素数 $z=r(\cos\theta+i\sin\theta)$ について，$\bar{z}$ の極形式は，z と $\bar{z}$ は実軸に関して対称であるから，$|\bar{z}|=|z|=r$，$\arg\bar{z}=-\arg z$ より，
$$\bar{z}=r\{\cos(-\theta)+i\sin(-\theta)\}$$
これを，$\dfrac{1}{z}=\dfrac{\bar{z}}{z\bar{z}}=\dfrac{\bar{z}}{|z|^2}=\cdots\cdots$ に利用する。

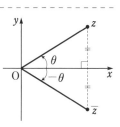

解答　0 でない複素数 $z=r(\cos\theta+i\sin\theta)$ について，
$\bar{z}=r\{\cos(-\theta)+i\sin(-\theta)\}$，$z\bar{z}=|z|^2=r^2$ により，
$$\frac{1}{z}=\frac{\bar{z}}{z\bar{z}}=\frac{\bar{z}}{|z|^2}=\frac{r\{\cos(-\theta)+i\sin(-\theta)\}}{r^2}$$
$$=\frac{1}{r}\{\cos(-\theta)+i\sin(-\theta)\}$$

問 10 教科書 p.71　$z_1=3\left(\cos\dfrac{\pi}{4}+i\sin\dfrac{\pi}{4}\right)$, $z_2=2\left(\cos\dfrac{\pi}{6}+i\sin\dfrac{\pi}{6}\right)$ のとき，積 z_1z_2, 商 $\dfrac{z_1}{z_2}$ を極形式で表せ。

ガイド

ここがポイント ☞ [複素数の極形式における積と商]

0 でない2つの複素数 z_1, z_2 が極形式で
$$z_1=r_1(\cos\theta_1+i\sin\theta_1),\quad z_2=r_2(\cos\theta_2+i\sin\theta_2)$$
と表されるとき，

1　積　$\boldsymbol{z_1z_2=r_1r_2\{\cos(\theta_1+\theta_2)+i\sin(\theta_1+\theta_2)\}}$
$$|z_1z_2|=|z_1||z_2|,\qquad \arg z_1z_2=\arg z_1+\arg z_2$$

2　商　$\boldsymbol{\dfrac{z_1}{z_2}=\dfrac{r_1}{r_2}\{\cos(\theta_1-\theta_2)+i\sin(\theta_1-\theta_2)\}}$
$$\left|\frac{z_1}{z_2}\right|=\frac{|z_1|}{|z_2|},\qquad \arg\frac{z_1}{z_2}=\arg z_1-\arg z_2$$

解答　$z_1z_2=3\cdot2\left\{\cos\left(\dfrac{\pi}{4}+\dfrac{\pi}{6}\right)+i\sin\left(\dfrac{\pi}{4}+\dfrac{\pi}{6}\right)\right\}$
$$=6\left(\cos\frac{5}{12}\pi+i\sin\frac{5}{12}\pi\right)$$

$$\frac{z_1}{z_2} = \frac{3}{2}\left\{\cos\left(\frac{\pi}{4} - \frac{\pi}{6}\right) + i\sin\left(\frac{\pi}{4} - \frac{\pi}{6}\right)\right\}$$

$$= \frac{3}{2}\left(\cos\frac{\pi}{12} + i\sin\frac{\pi}{12}\right)$$

■問 11

教科書 **p.72**

$\alpha = 2\left(\cos\frac{\pi}{3} + i\sin\frac{\pi}{3}\right)$ と 0 でない複素数 z に対して，積 αz と商 $\dfrac{z}{\alpha}$ は，それぞれ点 z をどのように移動した点か。

ガイド

ここがポイント ☞ ［複素数の積・商と回転・拡大・縮小］

0 でない 2 つの複素数 α, z に対して，α を極形式で $\alpha = r(\cos\theta + i\sin\theta)$ と表すと，

[1] 積 αz は，点 z を原点 O のまわりに θ だけ回転し，O からの距離を r 倍した点を表す。

[2] 商 $\dfrac{z}{\alpha}$ は，点 z を原点 O のまわりに $-\theta$ だけ回転し，O からの距離を $\dfrac{1}{r}$ 倍した点を表す。

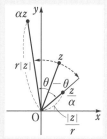

解答 積 αz は，点 z を原点 O のまわりに $\dfrac{\pi}{3}$ だけ回転し，O からの距離を 2 倍した点である。

商 $\dfrac{z}{\alpha}$ は，点 z を原点 O のまわりに $-\dfrac{\pi}{3}$ だけ回転し，O からの距離を $\dfrac{1}{2}$ 倍した点である。

■問 12

教科書 **p.72**

0 でない複素数 z に対して，次の点は，点 z をどのように移動した点か。

(1) $(-\sqrt{6} + \sqrt{2}\,i)z$ 　　　　　　(2) $\dfrac{z}{2i}$

ガイド $-\sqrt{6} + \sqrt{2}\,i$, $2i$ をそれぞれ極形式で表し，点の移動を考える。

解答▶ (1)　$-\sqrt{6}+\sqrt{2}\,i$ の絶対値を r, 偏角を θ とすると,

$$r=\sqrt{(-\sqrt{6})^2+(\sqrt{2})^2}=2\sqrt{2}$$

$$\cos\theta=\frac{-\sqrt{6}}{2\sqrt{2}}=-\frac{\sqrt{3}}{2}, \ \sin\theta=\frac{\sqrt{2}}{2\sqrt{2}}=\frac{1}{2}$$

$0\leqq\theta<2\pi$ の範囲では,　$\theta=\dfrac{5}{6}\pi$

したがって,　$-\sqrt{6}+\sqrt{2}\,i=2\sqrt{2}\left(\cos\dfrac{5}{6}\pi+i\sin\dfrac{5}{6}\pi\right)$

よって, 点 $(-\sqrt{6}+\sqrt{2}\,i)z$ は, **点 z を原点 O のまわりに $\dfrac{5}{6}\pi$**

だけ回転し, O からの距離を $2\sqrt{2}$ 倍した点である。

(2)　$2i$ の絶対値を r, 偏角を θ とすると,　$r=|2i|=2$

$$\cos\theta=0, \ \sin\theta=\frac{2}{2}=1$$

$0\leqq\theta<2\pi$ の範囲では,　$\theta=\dfrac{\pi}{2}$

したがって,　$2i=2\left(\cos\dfrac{\pi}{2}+i\sin\dfrac{\pi}{2}\right)$

よって, 点 $\dfrac{z}{2i}$ は, **点 z を原点 O のまわりに $-\dfrac{\pi}{2}$ だけ回転し,**

O からの距離を $\dfrac{1}{2}$ 倍した点である。

■問 13　0 でない複素数 z に対して, 次の点は, 点 z をどのように移動した点

教科書 **p.72** か。

(1)　$\left(\dfrac{1}{\sqrt{2}}+\dfrac{1}{\sqrt{2}}i\right)z$ 　　　　　(2)　$\left(\dfrac{1}{2}-\dfrac{\sqrt{3}}{2}i\right)z$

- -

ガイド　回転・拡大・縮小において, $r=1$ とすると, 次のことが成り立つ。

> **ここがポイント** 🖝 **［原点のまわりの回転］**
>
> 複素数 $\alpha=\cos\theta+i\sin\theta$ と 0 でない
> 複素数 z の積 αz を表す点は, 点 z を原
> 点 O のまわりに θ だけ回転した点である。

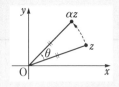

解答 (1) $\dfrac{1}{\sqrt{2}}+\dfrac{1}{\sqrt{2}}i=\cos\dfrac{\pi}{4}+i\sin\dfrac{\pi}{4}$ である

から，複素数 $\left(\dfrac{1}{\sqrt{2}}+\dfrac{1}{\sqrt{2}}i\right)z$ を表す点

は，**点 z を原点Oのまわりに $\dfrac{\pi}{4}$ だけ回**

転した点である。

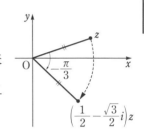

(2) $\dfrac{1}{2}-\dfrac{\sqrt{3}}{2}i=\cos\left(-\dfrac{\pi}{3}\right)+i\sin\left(-\dfrac{\pi}{3}\right)$

であるから，複素数 $\left(\dfrac{1}{2}-\dfrac{\sqrt{3}}{2}i\right)z$ を表

す点は，**点 z を原点Oのまわりに $-\dfrac{\pi}{3}$**

だけ回転した点である。

3 ド・モアブルの定理

問 14 次の計算をせよ。

教科書 **p.73**

(1) $(1+i)^8$　　　(2) $(1-\sqrt{3}\,i)^5$　　　(3) $(1-i)^{-6}$

ガイド 絶対値が1の複素数 $\alpha=\cos\theta+i\sin\theta$ の累乗を考えると，

$$\alpha,\quad \alpha^2=\alpha\cdot\alpha,\quad \alpha^3=\alpha\cdot\alpha^2,\quad \alpha^4=\alpha\cdot\alpha^3,\quad\cdots\cdots$$

を表す点は，原点Oのまわりに θ ずつ回転していく点となる。

このことを繰り返すと，正の整数 n に対して，次のことが成り立つ。

$$\alpha^n=\cos n\theta+i\sin n\theta$$

さらに，$z\neq0$，正の整数 n に対して，

$$z^0=1,\quad z^{-n}=\dfrac{1}{z^n}$$

数学Ⅱのときも指数を拡張したね。

と定めると，次の**ド・モアブルの定理**が成り立つ。

ここがポイント [ド・モアブルの定理]

n が整数のとき，　$(\cos\theta+i\sin\theta)^n=\cos n\theta+i\sin n\theta$

本問では，複素数を極形式で表し，ド・モアブルの定理を用いる。

第2章 複素数平面

解答▶ (1) $1+i$ を極形式で表すと,

$$1+i=\sqrt{2}\left(\cos\frac{\pi}{4}+i\sin\frac{\pi}{4}\right)$$

ド・モアブルの定理を用いて,

$$(1+i)^8=(\sqrt{2})^8\left(\cos\frac{\pi}{4}+i\sin\frac{\pi}{4}\right)^8$$
$$=(\sqrt{2})^8(\cos2\pi+i\sin2\pi)=\mathbf{16}$$

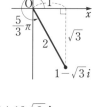

(2) $1-\sqrt{3}\,i$ を極形式で表すと,

$$1-\sqrt{3}\,i=2\left(\cos\frac{5}{3}\pi+i\sin\frac{5}{3}\pi\right)$$

ド・モアブルの定理を用いて,

$$(1-\sqrt{3}\,i)^5=2^5\left(\cos\frac{5}{3}\pi+i\sin\frac{5}{3}\pi\right)^5$$
$$=2^5\left(\cos\frac{25}{3}\pi+i\sin\frac{25}{3}\pi\right)=\mathbf{16+16\sqrt{3}\,i}$$

(3) $1-i$ を極形式で表すと,

$$1-i=\sqrt{2}\left(\cos\frac{7}{4}\pi+i\sin\frac{7}{4}\pi\right)$$

ド・モアブルの定理を用いて,

$$(1-i)^{-6}=(\sqrt{2})^{-6}\left(\cos\frac{7}{4}\pi+i\sin\frac{7}{4}\pi\right)^{-6}$$
$$=(\sqrt{2})^{-6}\left\{\cos\left(-\frac{21}{2}\pi\right)+i\sin\left(-\frac{21}{2}\pi\right)\right\}=\mathbf{-\frac{1}{8}i}$$

■問 15　1の6乗根を求め，その解を表す点を図示せよ。

教科書
p.75

ガイド

ここがポイント ☞ [1の n 乗根]

1の n 乗根は，次の n 個の複素数である。

$$z_k=\cos\frac{2k\pi}{n}+i\sin\frac{2k\pi}{n}$$
$$(k=0,\ 1,\ 2,\ \cdots\cdots,\ n-1)$$

これらを表す点は，単位円周上にあり，$n\geqq3$ のとき，点1を1つの頂点とする正 n 角形の頂点である。

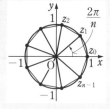

解答　　　$z_k = \cos\dfrac{2k\pi}{6} + i\sin\dfrac{2k\pi}{6}$　$(k=0,\ 1,\ 2,\ 3,\ 4,\ 5)$

であるから，次の 6 つの解が得られる。

$z_0 = 1,$　　　　　　　$z_1 = \dfrac{1}{2} + \dfrac{\sqrt{3}}{2}i,$

$z_2 = -\dfrac{1}{2} + \dfrac{\sqrt{3}}{2}i,$　　$z_3 = -1,$

$z_4 = -\dfrac{1}{2} - \dfrac{\sqrt{3}}{2}i,$　　$z_5 = \dfrac{1}{2} - \dfrac{\sqrt{3}}{2}i$

これらの表す点を図示すると，右の図のようになる。

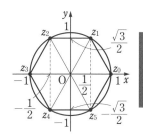

⚠注意　方程式 $x^6 = 1$ は，$x^6 - 1 = 0$　　　$(x^3 - 1)(x^3 + 1) = 0$

$(x-1)(x^2 + x + 1) \times (x+1)(x^2 - x + 1) = 0$

これを解くと，　**問** 15 と同じ解が得られる。

問 16　次の方程式を解け。

教科書
p.76　(1)　$z^2 = 1 + \sqrt{3}\,i$　　　　(2)　$z^2 = i$　　　(3)　$z^4 = -16$

- -

ガイド　$z = r(\cos\theta + i\sin\theta)$　$(r>0,\ 0 \leqq \theta < 2\pi)$ とおく。

右辺の複素数を極形式で表すと，それぞれ次のようになる。

$$1 + \sqrt{3}\,i = 2\left(\cos\dfrac{\pi}{3} + i\sin\dfrac{\pi}{3}\right),\ i = \cos\dfrac{\pi}{2} + i\sin\dfrac{\pi}{2},$$

$$-16 = 16(\cos\pi + i\sin\pi)$$

解答　(1)　　　$z = r(\cos\theta + i\sin\theta)$　$(r>0,\ 0 \leqq \theta < 2\pi)$　……①

とおくと，$z^2 = 1 + \sqrt{3}\,i$ より，

$$r^2(\cos 2\theta + i\sin 2\theta) = 2\left(\cos\dfrac{\pi}{3} + i\sin\dfrac{\pi}{3}\right)$$

両辺の絶対値と偏角を比較すると，

$r^2 = 2$ で，$r > 0$ より，　　$r = \sqrt{2}$　……②

$2\theta = \dfrac{\pi}{3} + 2k\pi$（$k$ は整数）で，$0 \leqq \theta < 2\pi$ より，

$$\theta = \dfrac{\pi}{6} + k\pi \quad (k=0,\ 1)$$

すなわち，　　$\theta = \dfrac{\pi}{6},\ \dfrac{7}{6}\pi$　……③

②, ③を①に代入すると,

$$z=\sqrt{2}\left(\cos\frac{\pi}{6}+i\sin\frac{\pi}{6}\right)=\frac{\sqrt{6}}{2}+\frac{\sqrt{2}}{2}i$$

$$z=\sqrt{2}\left(\cos\frac{7}{6}\pi+i\sin\frac{7}{6}\pi\right)$$

$$=-\frac{\sqrt{6}}{2}-\frac{\sqrt{2}}{2}i$$

よって, 求める解は, $z=\dfrac{\sqrt{6}}{2}+\dfrac{\sqrt{2}}{2}i,\ -\dfrac{\sqrt{6}}{2}-\dfrac{\sqrt{2}}{2}i$

(2)　　　$z=r(\cos\theta+i\sin\theta)$ $(r>0,\ 0\leqq\theta<2\pi)$ ……①

とおくと, $z^2=i$ より,

$$r^2(\cos2\theta+i\sin2\theta)=\cos\frac{\pi}{2}+i\sin\frac{\pi}{2}$$

両辺の絶対値と偏角を比較すると,

　　　$r^2=1$ で, $r>0$ より, $r=1$ ……②

$2\theta=\dfrac{\pi}{2}+2k\pi$ (k は整数) で, $0\leqq\theta<2\pi$ より,

$$\theta=\frac{\pi}{4}+k\pi\quad(k=0,\ 1)$$

すなわち, $\theta=\dfrac{\pi}{4},\ \dfrac{5}{4}\pi$ ……③

②, ③を①に代入すると,

$$z=\cos\frac{\pi}{4}+i\sin\frac{\pi}{4}=\frac{\sqrt{2}}{2}+\frac{\sqrt{2}}{2}i$$

$$z=\cos\frac{5}{4}\pi+i\sin\frac{5}{4}\pi$$

$$=-\frac{\sqrt{2}}{2}-\frac{\sqrt{2}}{2}i$$

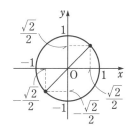

よって, 求める解は, $z=\dfrac{\sqrt{2}}{2}+\dfrac{\sqrt{2}}{2}i,\ -\dfrac{\sqrt{2}}{2}-\dfrac{\sqrt{2}}{2}i$

(3)　　　$z=r(\cos\theta+i\sin\theta)$ $(r>0,\ 0\leqq\theta<2\pi)$ ……①

とおくと, $z^4=-16$ より,

$$r^4(\cos4\theta+i\sin4\theta)=16(\cos\pi+i\sin\pi)$$

両辺の絶対値と偏角を比較すると,

　　　$r^4=16$ で, $r>0$ より, $r=2$ ……②

$4\theta=\pi+2k\pi$ (k は整数) で, $0\leqq\theta<2\pi$ より,

$$\theta=\frac{\pi}{4}+\frac{k\pi}{2}\quad(k=0,\ 1,\ 2,\ 3)$$

すなわち, $\theta=\dfrac{\pi}{4},\ \dfrac{3}{4}\pi,\ \dfrac{5}{4}\pi,\ \dfrac{7}{4}\pi$ ……③

②, ③を①に代入すると,

$$z=2\left(\cos\frac{\pi}{4}+i\sin\frac{\pi}{4}\right)=\sqrt{2}+\sqrt{2}\,i$$

$$z=2\left(\cos\frac{3}{4}\pi+i\sin\frac{3}{4}\pi\right)$$
$$=-\sqrt{2}+\sqrt{2}\,i$$

$$z=2\left(\cos\frac{5}{4}\pi+i\sin\frac{5}{4}\pi\right)=-\sqrt{2}-\sqrt{2}\,i$$

$$z=2\left(\cos\frac{7}{4}\pi+i\sin\frac{7}{4}\pi\right)=\sqrt{2}-\sqrt{2}\,i$$

よって, 求める解は, $z=\sqrt{2}+\sqrt{2}\,i,\ -\sqrt{2}+\sqrt{2}\,i,$
$-\sqrt{2}-\sqrt{2}\,i,\ \sqrt{2}-\sqrt{2}\,i$

節末問題 | 第1節　複素数平面

1 教科書 **p.77**　y を実数として, $\alpha=3+2i$, $\beta=5+yi$ とする。このとき, 複素数平面上の3点 0, α, β が一直線上にあるような y の値を求めよ。

ガイド $\beta=k\alpha$ となる実数 k があればよい。

解答 3点 0, α, β が一直線上にあるためには, $\beta=k\alpha$ となる実数 k があればよいから, $k\alpha=k(3+2i)=3k+2ki$ より,

$$5+yi=3k+2ki\qquad したがって,\quad\begin{cases}5=3k &……①\\ y=2k &……②\end{cases}$$

①より, $k=\dfrac{5}{3}$ となるから, ②に代入して, $y=\dfrac{10}{3}$

2 教科書 **p.77**　$z=2\left(\cos\dfrac{\pi}{10}+i\sin\dfrac{\pi}{10}\right)$ のとき, 次の複素数を極形式で表せ。
ただし, 偏角 θ は $0\le\theta<2\pi$ とする。

(1) z^2　　(2) $-iz$　　(3) $(1+i)z$　　(4) $\dfrac{1}{z}$

ガイド 複素数の極形式における積，商の計算を行う。

積の偏角は，偏角の和になり，商の偏角は，偏角の差になる。

(1) ド・モアブルの定理を用いる。

(2)，(3) まず，複素数 $-i$，$1+i$ を極形式で表す。

(4) $1=\cos 0+i\sin 0$ である。偏角 θ の値の範囲に注意する。

解答 (1) $z^2=2^2\left(\cos\dfrac{\pi}{10}+i\sin\dfrac{\pi}{10}\right)^2=4\left(\cos\dfrac{\pi}{5}+i\sin\dfrac{\pi}{5}\right)$

(2) $-i=\cos\dfrac{3}{2}\pi+i\sin\dfrac{3}{2}\pi$ であるから，

$$-iz=1\cdot2\left\{\cos\left(\dfrac{3}{2}\pi+\dfrac{\pi}{10}\right)+i\sin\left(\dfrac{3}{2}\pi+\dfrac{\pi}{10}\right)\right\}$$

$$=2\left(\cos\dfrac{8}{5}\pi+i\sin\dfrac{8}{5}\pi\right)$$

(3) $1+i=\sqrt{2}\left(\cos\dfrac{\pi}{4}+i\sin\dfrac{\pi}{4}\right)$ であるから，

$$(1+i)z=\sqrt{2}\cdot2\left\{\cos\left(\dfrac{\pi}{4}+\dfrac{\pi}{10}\right)+i\sin\left(\dfrac{\pi}{4}+\dfrac{\pi}{10}\right)\right\}$$

$$=2\sqrt{2}\left(\cos\dfrac{7}{20}\pi+i\sin\dfrac{7}{20}\pi\right)$$

(4) $1=\cos 0+i\sin 0$ であるから，

$$\dfrac{1}{z}=\dfrac{1}{2}\left\{\cos\left(0-\dfrac{\pi}{10}\right)+i\sin\left(0-\dfrac{\pi}{10}\right)\right\}$$

$$=\dfrac{1}{2}\left\{\cos\left(-\dfrac{\pi}{10}\right)+i\sin\left(-\dfrac{\pi}{10}\right)\right\}$$

$0\leqq\theta<2\pi$ であるから，　$\dfrac{1}{z}=\dfrac{1}{2}\left(\cos\dfrac{19}{10}\pi+i\sin\dfrac{19}{10}\pi\right)$

3
教科書
p.77

$z_1=-\sqrt{3}+i$，$z_2=1+i$ について，次の複素数を極形式で表せ。

ただし，偏角 θ は $0\leqq\theta<2\pi$ とする。

(1) z_1z_2 　　　　(2) $\dfrac{z_1}{z_2}$ 　　　　(3) $z_1\overline{z_2}$

ガイド まず，z_1 と z_2 を，それぞれ極形式で表す。

解答 $z_1=2\left(\cos\dfrac{5}{6}\pi+i\sin\dfrac{5}{6}\pi\right)$，$z_2=\sqrt{2}\left(\cos\dfrac{\pi}{4}+i\sin\dfrac{\pi}{4}\right)$ である。

(1) $z_1 z_2 = 2\sqrt{2}\left\{\cos\left(\dfrac{5}{6}\pi + \dfrac{\pi}{4}\right) + i\sin\left(\dfrac{5}{6}\pi + \dfrac{\pi}{4}\right)\right\}$

$\qquad = 2\sqrt{2}\left(\cos\dfrac{13}{12}\pi + i\sin\dfrac{13}{12}\pi\right)$

(2) $\dfrac{z_1}{z_2} = \dfrac{2}{\sqrt{2}}\left\{\cos\left(\dfrac{5}{6}\pi - \dfrac{\pi}{4}\right) + i\sin\left(\dfrac{5}{6}\pi - \dfrac{\pi}{4}\right)\right\}$

$\qquad = \sqrt{2}\left(\cos\dfrac{7}{12}\pi + i\sin\dfrac{7}{12}\pi\right)$

(3) $\overline{z_2} = \sqrt{2}\left\{\cos\left(-\dfrac{\pi}{4}\right) + i\sin\left(-\dfrac{\pi}{4}\right)\right\}$ であるから,

$\qquad z_1\overline{z_2} = 2\sqrt{2}\left\{\cos\left(\dfrac{5}{6}\pi - \dfrac{\pi}{4}\right) + i\sin\left(\dfrac{5}{6}\pi - \dfrac{\pi}{4}\right)\right\}$

$\qquad = 2\sqrt{2}\left(\cos\dfrac{7}{12}\pi + i\sin\dfrac{7}{12}\pi\right)$

□ **4**
教科書
p.77　複素数 z の実部は $\dfrac{z+\overline{z}}{2}$, 虚部は $\dfrac{z-\overline{z}}{2i}$ で表されることを, 複素数平面上に図示することで確かめよ。

ガイド　点 $\dfrac{z+\overline{z}}{2}$ は, 点 z を $\overline{z}$ だけ平行移動し, 点Oからの距離を $\dfrac{1}{2}$ 倍した点となる。これを図示し, z の実部を表す点と一致することを示す。

点 $\dfrac{z-\overline{z}}{2i}$ は, $i = \cos\dfrac{\pi}{2} + i\sin\dfrac{\pi}{2}$ より, 点 z を $-\overline{z}$ だけ平行移動し, 点Oからの距離を $\dfrac{1}{2}$ 倍した点を, O を中心に $-\dfrac{\pi}{2}$ 回転した点となる。

これを図示し, z の虚部を表す点と一致することを示す。

なお, 複素数 $z = a + bi$ の虚部は, 実数 b であり, bi ではない。虚軸上の点は, 純虚数 bi を表す。

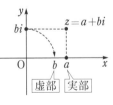

解答　実部　　　　　　　　　　　虚部

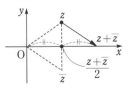
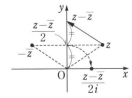

☑ **5**

教科書 **p.77**

$z=2+3i$ とするとき，複素数平面上で点 z を原点Oのまわりに次の角 θ だけ回転した点を表す複素数を求めよ。

(1) $\theta=\dfrac{\pi}{3}$ 　　　　(2) $\theta=-\dfrac{\pi}{2}$

ガイド 点 z を原点Oのまわりに θ だけ回転した点を表す複素数は，$(\cos\theta+i\sin\theta)z$ である。

解答 (1) 求める複素数は，

$$\left(\cos\frac{\pi}{3}+i\sin\frac{\pi}{3}\right)(2+3i)=\left(\frac{1}{2}+\frac{\sqrt{3}}{2}i\right)(2+3i)$$
$$=\frac{2-3\sqrt{3}}{2}+\frac{3+2\sqrt{3}}{2}i$$

(2) 求める複素数は，

$$\left\{\cos\left(-\frac{\pi}{2}\right)+i\sin\left(-\frac{\pi}{2}\right)\right\}(2+3i)=-i(2+3i)$$
$$=3-2i$$

☑ **6**

教科書 **p.77**

$\alpha=\sqrt{3}+i$ のとき，α^n が実数になるような最小の正の整数 n を求めよ。

ガイド α を極形式で表し，ド・モアブルの定理を用いる。

解答 $\alpha=2\left(\cos\dfrac{\pi}{6}+i\sin\dfrac{\pi}{6}\right)$ であるから，

$$\alpha^n=2^n\left(\cos\frac{n\pi}{6}+i\sin\frac{n\pi}{6}\right)$$

α^n が実数となるとき，　$\sin\dfrac{n\pi}{6}=0$

よって，　$\dfrac{n\pi}{6}=k\pi$ （ k は整数）

これより，$n=6k$ であるから，これを満たす最小の正の整数 n は，$k=1$ のとき，　**$n=6$**

□ **7**
教科書
p.77
　方程式 $z^4 = -8 + 8\sqrt{3}\,i$ を解け。

ガイド　$z = r(\cos\theta + i\sin\theta)$ $(r > 0,\ 0 \leqq \theta < 2\pi)$ とおいて考える。

解答　　　$z = r(\cos\theta + i\sin\theta)$ $(r > 0,\ 0 \leqq \theta < 2\pi)$ ……①

とおくと，$z^4 = -8 + 8\sqrt{3}\,i$ より，

$$r^4(\cos 4\theta + i\sin 4\theta) = 16\left(\cos\frac{2}{3}\pi + i\sin\frac{2}{3}\pi\right)$$

両辺の絶対値と偏角を比較すると，

　　$r^4 = 16$ で，$r > 0$ より，　　$r = 2$ ……②

$4\theta = \dfrac{2}{3}\pi + 2k\pi$（$k$ は整数）で，$0 \leqq \theta < 2\pi$ より，

$$\theta = \frac{\pi}{6} + \frac{k\pi}{2} \quad (k = 0,\ 1,\ 2,\ 3)$$

すなわち，　　$\theta = \dfrac{\pi}{6},\ \dfrac{2}{3}\pi,\ \dfrac{7}{6}\pi,\ \dfrac{5}{3}\pi$ ……③

②，③を①に代入すると，

$$z = 2\left(\cos\frac{\pi}{6} + i\sin\frac{\pi}{6}\right) = \sqrt{3} + i$$

$$z = 2\left(\cos\frac{2}{3}\pi + i\sin\frac{2}{3}\pi\right) = -1 + \sqrt{3}\,i$$

$$z = 2\left(\cos\frac{7}{6}\pi + i\sin\frac{7}{6}\pi\right) = -\sqrt{3} - i$$

$$z = 2\left(\cos\frac{5}{3}\pi + i\sin\frac{5}{3}\pi\right) = 1 - \sqrt{3}\,i$$

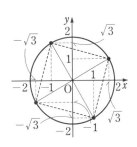

よって，求める解は，

$$z = \sqrt{3} + i,\ -1 + \sqrt{3}\,i,\ -\sqrt{3} - i,\ 1 - \sqrt{3}\,i$$

第2節　平面図形と複素数

1 　平面図形と複素数

問 17
教科書
p.78

2点 $\alpha = -2+i$, $\beta = 3+2i$ を結ぶ線分を 4：1 に内分する点 γ, 外分する点 δ を，それぞれ求めよ。

ガイド 複素数平面上の線分についても，内分する点，外分する点を，次のように考えることができる。

> **ここがポイント** ☞ ［複素数平面上の内分点・外分点］
>
> 2点 $A(\alpha)$, $B(\beta)$ に対して，線分 AB を $m:n$ に
>
> 内分する点は $\dfrac{n\alpha + m\beta}{m+n}$, 　外分する点は $\dfrac{-n\alpha + m\beta}{m-n}$
>
> とくに，線分 AB の中点は $\dfrac{\alpha + \beta}{2}$ である。

解答 　$\gamma = \dfrac{1\cdot(-2+i)+4(3+2i)}{4+1} = \dfrac{10+9i}{5}$

　　　　$\delta = \dfrac{-1\cdot(-2+i)+4(3+2i)}{4-1} = \dfrac{14+7i}{3}$

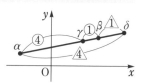

⚠注意 　γ, δ など，ギリシャ文字の読み方は，教科書 p.167 を参照。

問 18
教科書
p.79

3点 α, β, γ を頂点とする三角形の重心を表す複素数は $\dfrac{\alpha+\beta+\gamma}{3}$ であることを示せ。

ガイド 　三角形の重心は，三角形の3本の中線をそれぞれ 2：1 に内分することを用いる。

解答 　2点 β, γ を結ぶ線分の中点を点 z_1 とすると，

　　　　$z_1 = \dfrac{\beta+\gamma}{2}$

　この三角形の重心を表す点を z とすると，

　点 z は，2点 α, z_1 を結ぶ中線を 2：1 に内分する点であるから，

　　　$z = \dfrac{1\cdot\alpha + 2z_1}{2+1} = \dfrac{\alpha+(\beta+\gamma)}{3} = \dfrac{\alpha+\beta+\gamma}{3}$

よって，この三角形の重心を表す複素数は $\dfrac{\alpha+\beta+\gamma}{3}$ である。

問 19
教科書
p.79

点 $\beta=3-4i$ を点 $\alpha=1+2i$ のまわりに $\dfrac{\pi}{4}$ だけ回転した点 γ を求めよ。

ガイド　**ここがポイント** 👉 [点 α のまわりの回転]

点 β を点 α のまわりに θ だけ回転した点を γ とすると，
$$\gamma=(\cos\theta+i\sin\theta)(\beta-\alpha)+\alpha$$

解答　
$$\gamma=\left(\cos\frac{\pi}{4}+i\sin\frac{\pi}{4}\right)(\beta-\alpha)+\alpha$$
$$=\left(\cos\frac{\pi}{4}+i\sin\frac{\pi}{4}\right)\{(3-4i)-(1+2i)\}+1+2i$$
$$=\left(\frac{1}{\sqrt{2}}+\frac{1}{\sqrt{2}}i\right)(2-6i)+1+2i=(1+4\sqrt{2})+(2-2\sqrt{2})i$$

問 20
教科書
p.80

3 点 $\alpha=-1+i$，$\beta=\sqrt{3}-1+2i$，$\gamma=-1+3i$ を表す点を，それぞれ A，B，C とするとき，半直線 AB から半直線 AC までの回転角 θ を求めよ。

ガイド　異なる 3 点 A(α)，B(β)，C(γ) に対して，半直線 AB を半直線 AC まで回転させたときの角を θ とする。AC$=k$AB のとき，点 C は，点 B を点 A のまわりに θ だけ回転し，点 A からの距離を k 倍した点であるから，次の式が成り立つ。

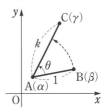

$$\gamma-\alpha=k(\cos\theta+i\sin\theta)(\beta-\alpha)$$

したがって，　$\dfrac{\gamma-\alpha}{\beta-\alpha}=k(\cos\theta+i\sin\theta)$

よって，次のことが成り立つ。

ここがポイント 👉 [複素数と角]

異なる 3 点 A(α)，B(β)，C(γ) に対して，半直線 AB から半直線 AC までの回転角を θ とすると，
$$\theta=\arg\frac{\gamma-\alpha}{\beta-\alpha}$$

解答▶

$$\frac{\gamma-\alpha}{\beta-\alpha}=\frac{(-1+3i)-(-1+i)}{(\sqrt{3}-1+2i)-(-1+i)}$$

$$=\frac{2i}{\sqrt{3}+i}=\frac{1}{2}+\frac{\sqrt{3}}{2}i$$

$$=\cos\frac{\pi}{3}+i\sin\frac{\pi}{3}$$

よって，　$\theta=\dfrac{\pi}{3}$

問 21 $\alpha=2+3i$, $\beta=3-i$, $\gamma=4+yi$ を表す点を，それぞれ A，B，C とするとき，次の場合について，実数 y の値を定めよ。

教科書 **p.82**

(1) A，B，C が一直線上にある。　　(2) AB，AC が垂直である。

- -

ガイド 異なる 3 点 A(α)，B(α)，C(γ) に対して，半直線 AB から半直線 AC までの回転角を θ とすると，

　　□ 3 点 A，B，C が一直線上 $\iff$ $\theta=0$ または $\theta=\pi$

　　□ 2 直線 AB，AC が垂直 $\iff$ $\theta=\dfrac{\pi}{2}$ または $\theta=-\dfrac{\pi}{2}$

> **ポイント プラス**
>
> 異なる 3 点 A(α)，B(β)，C(γ) に対し，
>
> □ **3 点 A，B，C が一直線上** $\iff$ $\dfrac{\gamma-\alpha}{\beta-\alpha}$ **が実数**
>
> □ **2 直線 AB，AC が垂直** $\iff$ $\dfrac{\gamma-\alpha}{\beta-\alpha}$ **が純虚数**

解答▶ $\dfrac{\gamma-\alpha}{\beta-\alpha}=\dfrac{(4+yi)-(2+3i)}{(3-i)-(2+3i)}=\dfrac{2+(y-3)i}{1-4i}=\dfrac{-4y+14}{17}+\dfrac{y+5}{17}i$

(1) 実数になるから，$\dfrac{y+5}{17}=0$ より，$\boldsymbol{y=-5}$

(2) 純虚数になるから，$\dfrac{-4y+14}{17}=0$ かつ $\dfrac{y+5}{17}\neq0$ より，

$$\boldsymbol{y=\frac{7}{2}}$$

問 22

異なる 3 点 A(α), B(β), C(γ) に対して, 等式

$$\sqrt{3}\,\gamma - i\beta = (\sqrt{3} - i)\alpha$$

教科書
p.82

が成り立つとき, △ABC はどのような三角形か。

ガイド $\dfrac{\gamma - \alpha}{\beta - \alpha}, \dfrac{\alpha - \beta}{\gamma - \beta}, \dfrac{\alpha - \gamma}{\beta - \gamma}$ のいずれかの絶対値と

偏角を調べれば, 2 辺の長さの比とその間の角

がともにわかる。本問では, 与えられた等式が,

$\sqrt{3}\,(\gamma - \alpha) = i(\beta - \alpha)$ と変形できることを利用

し, $\dfrac{\gamma - \alpha}{\beta - \alpha}$ の絶対値と偏角を調べる。

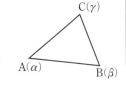

解答 $\sqrt{3}\,\gamma - i\beta = (\sqrt{3} - i)\alpha$ より, $\sqrt{3}\,(\gamma - \alpha) = i(\beta - \alpha)$

であるから,

$$\frac{\gamma - \alpha}{\beta - \alpha} = \frac{1}{\sqrt{3}}i = \frac{1}{\sqrt{3}}\left(\cos\frac{\pi}{2} + i\sin\frac{\pi}{2}\right)$$

したがって, $\arg\dfrac{\gamma - \alpha}{\beta - \alpha} = \dfrac{\pi}{2}$ より,

$$\angle\text{BAC} = \frac{\pi}{2}$$

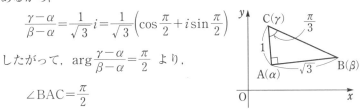

また, $\left|\dfrac{\gamma - \alpha}{\beta - \alpha}\right| = \dfrac{1}{\sqrt{3}}$ より, $\sqrt{3}\,|\gamma - \alpha| = |\beta - \alpha|$ であるから,

$$\sqrt{3}\,\text{AC} = \text{AB}$$

よって, △ABC は

$$\angle\text{BCA} = \frac{\pi}{3}, \quad \angle\text{BAC} = \frac{\pi}{2} \text{ の直角三角形} である。$$

⚠注意 教科書 p.79 で学んだことを利用して, 次のように解くこともでき

る。

$\sqrt{3}\,\gamma - i\beta = (\sqrt{3} - i)\alpha$ を, γ について解くと,

$\sqrt{3}\,\gamma = i(\beta - \alpha) + \sqrt{3}\,\alpha$ より,

$$\gamma = \frac{1}{\sqrt{3}}i(\beta - \alpha) + \alpha, \quad \gamma = \frac{1}{\sqrt{3}}\left(\cos\frac{\pi}{2} + i\sin\frac{\pi}{2}\right)(\beta - \alpha) + \alpha$$

したがって, 点 γ は, 点 β を点 α のまわりに $\dfrac{\pi}{2}$ だけ回転し, 点 α か

らの距離を $\dfrac{1}{\sqrt{3}}$ 倍した点である。

(以下略)

第
2
章

複素数平面

2 等式の表す図形

問 23 次の等式を満たす点 z の全体は，どのような図形を表すか。

教科書
p.83
　(1) $|z+1|=|z-i|$　　　　　　　(2) $|z|=|z+2|$

ガイド 一般に，異なる 2 点 $A(\alpha)$，$B(\beta)$ について，等式 $|z-\alpha|=|z-\beta|$ を満たす点 z の全体は，線分 AB の垂直二等分線を表す。

解答 (1) $|z-(-1)|=|z-i|$ より，点 z の全体は，

　　　点 $A(-1)$，点 $B(i)$ とすると，線分 AB の垂直二等分線を表す。

　(2) $|z-0|=|z-(-2)|$ より，点 z の全体は，

　　　点 $O(0)$，点 $A(-2)$ とすると，線分 OA の垂直二等分線を表す。

(1) 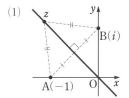　　　　(2)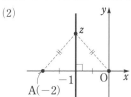

問 24 次の等式を満たす点 z の全体は，どのような図形を表すか。

教科書
p.83
　(1) $|z-2-2\sqrt{3}\,i|=4$　　(2) $|z|=3$　　(3) $|2z-6|=10$

ガイド 一般に，複素数 α と正の数 r について，等式 $|z-\alpha|=r$ を満たす点 z の全体は，点 α を中心とする半径 r の円を表す。

解答 (1) $|z-(2+2\sqrt{3}\,i)|=4$ より，点 z の全体は，

　　　点 $2+2\sqrt{3}\,i$ を中心とする半径 4 の円を表す。

　(2) $|z|=3$ より，点 z の全体は，

　　　原点 O を中心とする半径 3 の円を表す。

　(3) $|z-3|=5$ より，点 z の全体は，

　　　点 3 を中心とする半径 5 の円を表す。

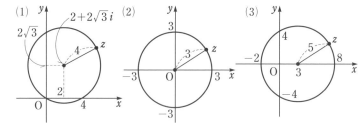

問 25　等式 $3|z+2|=|z-2|$ を満たす点 z の全体は，どのような図形を表すか。

教科書 p.84

ガイド　一般に，2定点 A，B からの距離の比が $m:n$（$m \neq n$）である点 P の全体が表す図形は円になる。

この円を**アポロニウスの円**という。

本問では，z は，$|z+2|:|z-2|=1:3$ を満たす点であるから，その全体が表す図形は円になる。

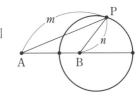

AP : PB = $m:n$

解答　等式の両辺を2乗すると，

$$9|z+2|^2 = |z-2|^2$$
$$9(z+2)\overline{(z+2)} = (z-2)\overline{(z-2)}$$
$$9(z+2)(\bar{z}+2) = (z-2)(\bar{z}-2)$$

両辺を展開して整理すると，

$$z\bar{z} + \frac{5}{2}z + \frac{5}{2}\bar{z} + 4 = 0, \quad \left(z+\frac{5}{2}\right)\left(\bar{z}+\frac{5}{2}\right) = \frac{9}{4}$$

$$\left(z+\frac{5}{2}\right)\overline{\left(z+\frac{5}{2}\right)} = \frac{9}{4}, \quad \left|z+\frac{5}{2}\right|^2 = \frac{9}{4}$$

したがって，$\left|z+\dfrac{5}{2}\right| = \dfrac{3}{2}$

よって，点 z の全体は，

点 $-\dfrac{5}{2}$ を中心とする半径 $\dfrac{3}{2}$ の円を表す。

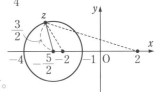

問 26　点 z が原点 O を中心とする半径2の円周上を動くとき，$w = z + 1 + i$ で表される点 w は，どのような図形を描くか。

教科書 p.85

ガイド　点 z は，$|z|=2$ を満たしながら動く。w の式を z について解き，代入する。

解答　$z = w-(1+i)$ であるから，$|z|=2$ より，

$$|w-(1+i)| = 2$$

よって，点 w は，**点 $1+i$ を中心とする半径2の円**を描く。

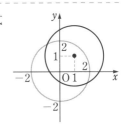

問 27
教科書
p.86
点 z が原点Oを中心とする半径2の円周上を動くとき，次の式で表される点 w は，どのような図形を描くか。

(1) $w=iz+1$　　　(2) $w=\dfrac{1}{z}$　　　(3) $w=\dfrac{2z}{z-2}\ (z \ne 2)$

- -

ガイド 複素数 z は，$|z|=2$ を満たす。与えられた式を z について解き，$|z|=2$ に代入する。

解答 点 z は，原点Oを中心とする半径2の円周上にあるから，

$|z|=2$　　……①

(1) $w=iz+1$ より，　$z=\dfrac{w-1}{i}$

これを①に代入すると，

$\left|\dfrac{w-1}{i}\right|=2$ より，　$\dfrac{|w-1|}{|i|}=2$

したがって，　$|w-1|=2$

よって，点 w は，**点1を中心とする半径2の円**を描く。

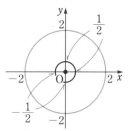

(2) $w=\dfrac{1}{z}$ より，　$z=\dfrac{1}{w}$

これを①に代入すると，

$\left|\dfrac{1}{w}\right|=2$ より，　$\dfrac{1}{|w|}=2$

したがって，　$|w|=\dfrac{1}{2}$

よって，点 w は，**原点Oを中心とする半径 $\dfrac{1}{2}$ の円**を描く。

(3) $w=\dfrac{2z}{z-2}$ より，　$w=2+\dfrac{4}{z-2}\ne2$

また，$wz-2w=2z$ より，　$z=\dfrac{2w}{w-2}$

これを①に代入すると，

$\left|\dfrac{2w}{w-2}\right|=2$ より，　$\dfrac{2|w|}{|w-2|}=2$

したがって，　$|w|=|w-2|$

よって，点 w は，**原点Oと点2を結ぶ線分の垂直二等分線**を描く。

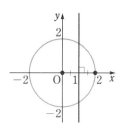

節末問題 | 第2節　平面図形と複素数

☐ **1**
教科書
p.87
　点 $A(\alpha)$, $B(\beta)$, $C(\gamma)$ を頂点とする正三角形 ABC がある。
$\alpha=1+2i$, $\beta=7+4i$ のとき，点Cを表す複素数 γ を求めよ。

ガイド　△ABC は正三角形であるから，AC＝AB，$\angle BAC=\dfrac{\pi}{3}$

　点Cは，点Bを点Aのまわりに $\dfrac{\pi}{3}$ または $-\dfrac{\pi}{3}$ だけ回転した点である。

解答　△ABC は正三角形であるから，点 $C(\gamma)$

は，点 $B(\beta)$ を点 $A(\alpha)$ のまわりに $\dfrac{\pi}{3}$ また

は $-\dfrac{\pi}{3}$ だけ回転した点である。

これより，

$$\gamma=\left(\cos\frac{\pi}{3}+i\sin\frac{\pi}{3}\right)(\beta-\alpha)+\alpha$$

または，$\gamma=\left\{\cos\left(-\frac{\pi}{3}\right)+i\sin\left(-\frac{\pi}{3}\right)\right\}(\beta-\alpha)+\alpha$

したがって，

$$\gamma=\left(\cos\frac{\pi}{3}+i\sin\frac{\pi}{3}\right)\{(7+4i)-(1+2i)\}+(1+2i)$$

$$=\left(\frac{1}{2}+\frac{\sqrt{3}}{2}i\right)(6+2i)+1+2i$$

$$=(4-\sqrt{3})+(3+3\sqrt{3})i$$

または，$\gamma=\left\{\cos\left(-\frac{\pi}{3}\right)+i\sin\left(-\frac{\pi}{3}\right)\right\}\{(7+4i)-(1+2i)\}+(1+2i)$

$$=\left(\frac{1}{2}-\frac{\sqrt{3}}{2}i\right)(6+2i)+1+2i$$

$$=(4+\sqrt{3})+(3-3\sqrt{3})i$$

よって，$\boldsymbol{\gamma=(4-\sqrt{3})+(3+3\sqrt{3})i}$,
$\quad\quad (4+\sqrt{3})+(3-3\sqrt{3})i$

図をかいて
回転を
考えよう。

☐ **2**
教科書
p.87
　複素数平面上の 3 点 $A(\sqrt{3}-i)$, $B(5\sqrt{3}+3i)$, $C(2\sqrt{3}+2i)$ に対し
て，$\angle BAC$ の大きさと △ABC の面積を求めよ。

ガイド　A(α), B(β), C(γ) とすると, ∠BAC の大きさは, $\arg\dfrac{\gamma-\alpha}{\beta-\alpha}$ から求められる。

解答　$\alpha=\sqrt{3}-i$, $\beta=5\sqrt{3}+3i$, $\gamma=2\sqrt{3}+2i$ とする。

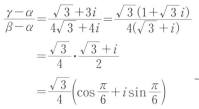

$$\frac{\gamma-\alpha}{\beta-\alpha}=\frac{\sqrt{3}+3i}{4\sqrt{3}+4i}=\frac{\sqrt{3}(1+\sqrt{3}i)}{4(\sqrt{3}+i)}$$

$$=\frac{\sqrt{3}}{4}\cdot\frac{\sqrt{3}+i}{2}$$

$$=\frac{\sqrt{3}}{4}\left(\cos\frac{\pi}{6}+i\sin\frac{\pi}{6}\right)$$

よって, **∠BAC の大きさ**は, $\dfrac{\pi}{6}$

また,

$$AB=|\beta-\alpha|=|4\sqrt{3}+4i|=\sqrt{(4\sqrt{3})^2+4^2}=8$$

$$AC=|\gamma-\alpha|=|\sqrt{3}+3i|=\sqrt{(\sqrt{3})^2+3^2}=2\sqrt{3}$$

よって, **△ABC の面積**を S とすると,

$$S=\frac{1}{2}\cdot AB\cdot AC\cdot\sin\frac{\pi}{6}=\frac{1}{2}\cdot8\cdot2\sqrt{3}\cdot\frac{1}{2}=4\sqrt{3}$$

⚠注意　∠BAC の大きさは, 極形式における商の偏角を考えて, 次のようにして求めることもできる。

$$\beta-\alpha=4\sqrt{3}+4i=8\left(\frac{\sqrt{3}}{2}+\frac{1}{2}i\right)=8\left(\cos\frac{\pi}{6}+i\sin\frac{\pi}{6}\right)$$

$$\gamma-\alpha=\sqrt{3}+3i=2\sqrt{3}\left(\frac{1}{2}+\frac{\sqrt{3}}{2}i\right)=2\sqrt{3}\left(\cos\frac{\pi}{3}+i\sin\frac{\pi}{3}\right)$$

よって, ∠BAC の大きさは

$$\arg\frac{\gamma-\alpha}{\beta-\alpha}=\arg(\gamma-\alpha)-\arg(\beta-\alpha)=\frac{\pi}{3}-\frac{\pi}{6}=\frac{\pi}{6}$$

☐ **3**

教科書 **p.87**

複素数平面上の 3 点 O(0), A(4+3i), B(β) に対して, ∠OAB が直角で, AB=10 の直角三角形 OAB ができるように, 点Bを表す複素数βを定めよ。

ガイド　図をかいて, どの点をどのように回転させればよいかを考える。

∠OAB=$\dfrac{\pi}{2}$ であるから, 原点Oを点Aのまわりに回転させる。

解答 $\quad$ OA$=|4+3i|=\sqrt{4^2+3^2}=5$ であるか

ら，点 B(β) は，原点Oを点Aのまわり

に $\dfrac{\pi}{2}$ または $-\dfrac{\pi}{2}$ だけ回転し，さらに点

Aからの距離を2倍した点である。

$\quad$ これより，$\alpha=4+3i$ とすると，
$$\beta=2\left(\cos\frac{\pi}{2}+i\sin\frac{\pi}{2}\right)(0-\alpha)+\alpha$$
または，
$$\beta=2\left\{\cos\left(-\frac{\pi}{2}\right)+i\sin\left(-\frac{\pi}{2}\right)\right\}(0-\alpha)+\alpha$$
したがって，
$$\beta=2\left(\cos\frac{\pi}{2}+i\sin\frac{\pi}{2}\right)\{0-(4+3i)\}+(4+3i)$$
$$=2i(-4-3i)+(4+3i)=10-5i$$
または，
$$\beta=2\left\{\cos\left(-\frac{\pi}{2}\right)+i\sin\left(-\frac{\pi}{2}\right)\right\}\{0-(4+3i)\}+(4+3i)$$
$$=-2i(-4-3i)+(4+3i)=-2+11i$$
よって，$\quad$ **$\beta=10-5i,\ \ -2+11i$**

□ **4** $\quad$ 3点 A(α)，B(β)，C(γ) に対して，$\gamma-\alpha=(1+i)(\beta-\alpha)$ が成り立つ

教科書
p.87 $\quad$ とき，$\triangle$ABC はどのような三角形か。

ガイド $\quad$ 与えられた等式から，3点 A，B，C の位置関係を考える。

解答 $\quad$ $1+i=\sqrt{2}\left(\cos\dfrac{\pi}{4}+i\sin\dfrac{\pi}{4}\right)$ より，
$$\gamma-\alpha=\sqrt{2}\left(\cos\frac{\pi}{4}+i\sin\frac{\pi}{4}\right)(\beta-\alpha)$$

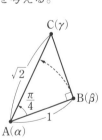

$\quad$ したがって，点Cは，点Bを点Aのまわりに

$\dfrac{\pi}{4}$ だけ回転し，さらに点Aからの距離を $\sqrt{2}$

倍した点であるから，
$$\text{AB}:\text{AC}=1:\sqrt{2}\,,\quad \angle\text{BAC}=\frac{\pi}{4}$$
よって，$\triangle$ABC は，**$\angle$B を直角とする直角二等辺三角形**である。

☑ **5**
教科書 **p.87**

異なる 3 つの複素数 0, α, β が等式 $\alpha^2-2\alpha\beta+4\beta^2=0$ を満たしている。このとき，次の問いに答えよ。

(1) $\dfrac{\beta}{\alpha}$ の値を求めよ。

(2) 複素数平面上で，3 点 O(0)，A(α)，B(β) を頂点とする △OAB はどのような三角形か。

ガイド (1) 与えられた等式 $\alpha^2-2\alpha\beta+4\beta^2=0$ の両辺を α^2 で割って，$\dfrac{\beta}{\alpha}$ に関する 2 次方程式を作る。

(2) (1)で求めた $\dfrac{\beta}{\alpha}$ を極形式で表し，3 点 0, α, β の位置関係を考える。

解答 (1) $\alpha\neq0$ であるから，$\alpha^2-2\alpha\beta+4\beta^2=0$ の両辺を α^2 で割って整理すると，　$4\left(\dfrac{\beta}{\alpha}\right)^2-2\left(\dfrac{\beta}{\alpha}\right)+1=0$

この $\dfrac{\beta}{\alpha}$ に関する 2 次方程式を解くと，

$$\frac{\beta}{\alpha}=\frac{-(-1)\pm\sqrt{(-1)^2-4\cdot1}}{4}=\frac{1\pm\sqrt{3}\,i}{4}$$

(2) (1)より，

$$\frac{\beta}{\alpha}=\frac{1}{2}\left(\cos\frac{\pi}{3}+i\sin\frac{\pi}{3}\right)$$

または，$\dfrac{\beta}{\alpha}=\dfrac{1}{2}\left\{\cos\left(-\dfrac{\pi}{3}\right)+i\sin\left(-\dfrac{\pi}{3}\right)\right\}$

これより，点 β は，点 α を原点 O のまわりに $\dfrac{\pi}{3}$ または $-\dfrac{\pi}{3}$ だけ回転し，O からの距離を $\dfrac{1}{2}$ 倍した点である。

よって，△OAB は，**∠B を直角とする OA：OB＝2：1 の直角三角形**である。

☑ **6**
教科書 **p.87**

等式 $|z-3i|=|iz+1|$ を満たす点 z の全体は，どのような図形を表すか。

ガイド 右辺にある $iz+1$ を, $i\left(z+\dfrac{1}{i}\right)$ と変形して考える。

解答 $|z-3i|=|iz+1|$ より, $|z-3i|=|i|\left|z+\dfrac{1}{i}\right|$

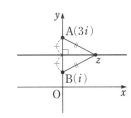

$|i|=1,\ \dfrac{1}{i}=-i$ であるから,

$$|z-3i|=|z-i|$$

したがって, 点 z の全体は, **点 $A(3i)$, $B(i)$ とするとき, 線分 AB の垂直二等分線**を表す。

□ **7** 複素数 z が等式 $|z-2-i|=3$ を満たすとき, 次の問いに答えよ。
教科書
p.87
(1) $|z|$ の最大値を求めよ。
(2) $|z+2|$ の最大値を求めよ。

ガイド (1) $|z|$ の図形的な意味を考える。
(2) $|z+2|$ の図形的な意味を考える。

解答 $|z-(2+i)|=3$ より, 点 z の全体は, 点 $2+i$ を中心とする半径 3 の円を表す。

(1) $|z|$ は, 点 z と原点 O との間の距離を表す。

$|z|$ が最大となるのは, 原点 O, 点 $2+i$, 点 z がこの順に一直線上にあるときである。

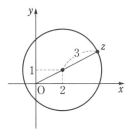

点 $2+i$ と原点 O との間の距離は,
$$|2+i|=\sqrt{2^2+1^2}=\sqrt{5}$$
よって, $|z|$ の最大値は, $3+\sqrt{5}$

(2) $|z+2|=|z-(-2)|$ は, 点 z と点 -2 との間の距離を表す。

$|z+2|$ が最大となるのは, 点 -2, 点 $2+i$, 点 z がこの順に一直線上にあるときである。

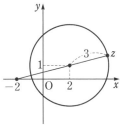

点 $2+i$ と点 -2 との間の距離は,
$$|(2+i)-(-2)|=|4+i|=\sqrt{4^2+1^2}=\sqrt{17}$$
よって, $|z+2|$ の最大値は, $3+\sqrt{17}$

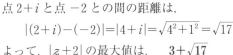

章末問題

── **A** ──

☐ **1**

教科書 **p.88**

$z=\sqrt{3}+i$ のとき，複素数平面上で，3点 0, z, $\dfrac{1}{z}$ を頂点とする三角形の面積を求めよ。

ガイド z, $\dfrac{1}{z}$ を極形式で表し，3点 0, z, $\dfrac{1}{z}$ の位置関係を考える。

解答 $z=\sqrt{3}+i$ を極形式で表すと，

$$z=2\left(\cos\frac{\pi}{6}+i\sin\frac{\pi}{6}\right)$$

これと $1=\cos 0+i\sin 0$ より，

$$\frac{1}{z}=\frac{1}{2}\left\{\cos\left(-\frac{\pi}{6}\right)+i\sin\left(-\frac{\pi}{6}\right)\right\}$$

したがって，$O(0)$, $A(z)$, $B\left(\dfrac{1}{z}\right)$ とすると，

$$OA=2,\quad OB=\frac{1}{2}$$

$$\angle AOB=\frac{\pi}{6}-\left(-\frac{\pi}{6}\right)=\frac{\pi}{3}$$

$\triangle OAB$ の面積を S とすると，

$$S=\frac{1}{2}\cdot OA\cdot OB\cdot\sin\frac{\pi}{3}=\frac{1}{2}\cdot 2\cdot\frac{1}{2}\cdot\frac{\sqrt{3}}{2}=\frac{\sqrt{3}}{4}$$

☐ **2**

教科書 **p.88**

$\alpha=\dfrac{\pi}{24}$ のとき，$\dfrac{(\cos 3\alpha+i\sin 3\alpha)(\cos 2\alpha+i\sin 2\alpha)^{5}}{\cos\alpha+i\sin\alpha}$ の値を求めよ。

ガイド 極形式における積・商やド・モアブルの定理を用いて，与えられた式を変形してから，α の値を代入する。

解答
$$\frac{(\cos 3\alpha+i\sin 3\alpha)(\cos 2\alpha+i\sin 2\alpha)^{5}}{\cos\alpha+i\sin\alpha}$$

$$=\frac{(\cos 3\alpha+i\sin 3\alpha)(\cos 10\alpha+i\sin 10\alpha)}{\cos\alpha+i\sin\alpha}$$

$$=\cos(3\alpha+10\alpha-\alpha)+i\sin(3\alpha+10\alpha-\alpha)$$

$$=\cos 12\alpha + i\sin 12\alpha$$

これに $\alpha=\dfrac{\pi}{24}$ を代入すると，

$$\cos\left(12\times\frac{\pi}{24}\right)+i\sin\left(12\times\frac{\pi}{24}\right)=\cos\frac{\pi}{2}+i\sin\frac{\pi}{2}=i$$

3
教科書 **p.88**

複素数 z が，$z+\dfrac{1}{z}=\sqrt{2}$ を満たしているとき，次の問いに答えよ。

(1) z を極形式で表せ。

(2) $z^{10}+\dfrac{1}{z^{10}}$ の値を求めよ。

ガイド (1) 与えられた等式の両辺に z を掛けて，z についての2次方程式を作る。

(2) ド・モアブルの定理を用いる。

解答 (1) $z+\dfrac{1}{z}=\sqrt{2}$ の両辺に z を掛けて整理すると，

$$z^2-\sqrt{2}\,z+1=0$$

この2次方程式を解くと，

$$z=\frac{-(-\sqrt{2})\pm\sqrt{(-\sqrt{2})^2-4\cdot1\cdot1}}{2\cdot1}=\frac{\sqrt{2}\pm\sqrt{2}\,i}{2}$$

これを極形式で表すと，

$$z=\cos\frac{\pi}{4}+i\sin\frac{\pi}{4},\ \ \cos\left(-\frac{\pi}{4}\right)+i\sin\left(-\frac{\pi}{4}\right)$$

(2) (1)より，

$$z^{10}=\left(\cos\frac{\pi}{4}+i\sin\frac{\pi}{4}\right)^{10}=\cos\frac{5}{2}\pi+i\sin\frac{5}{2}\pi=i$$

または，$z^{10}=\left\{\cos\left(-\frac{\pi}{4}\right)+i\sin\left(-\frac{\pi}{4}\right)\right\}^{10}$

$$=\cos\left(-\frac{5}{2}\pi\right)+i\sin\left(-\frac{5}{2}\pi\right)=-i$$

したがって，$z^{10}+\dfrac{1}{z^{10}}=i+\dfrac{1}{i}=i-i=0$

または，$z^{10}+\dfrac{1}{z^{10}}=(-i)+\dfrac{1}{-i}=-i+i=0$

よって，$z^{10}+\dfrac{1}{z^{10}}=\mathbf{0}$

4
教科書
p.88
複素数平面上に，点 A$(3+2i)$ である正三角形 ABC がある。△ABC の重心が点 G$(5+4i)$ であるとき，他の2つの頂点を表す複素数を求めよ。

ガイド AG＝BG＝CG，線分 AG，BG，CG の間の角の大きさはすべて $\dfrac{2}{3}\pi$ であるから，点Aを点Gのまわりに回転させて考える。

解答 $\alpha=3+2i$，$w=5+4i$ とする。

△ABC は正三角形で，AG＝BG＝CG，

∠AGB＝∠BGC＝∠CGA＝$\dfrac{2}{3}\pi$ であるか

ら，他の2つの頂点は，点Aを点Gのまわ

りに $\dfrac{2}{3}\pi$ または $-\dfrac{2}{3}\pi$ だけ回転した点で

ある。

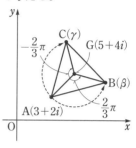

点 A(α) を点 G(w) のまわりに $\dfrac{2}{3}\pi$ だけ回転した点を B(β)，$-\dfrac{2}{3}\pi$

だけ回転した点を C(γ) とすると，

正三角形では
重心と外心は一致
するよ。

$$\beta=\left(\cos\frac{2}{3}\pi+i\sin\frac{2}{3}\pi\right)(\alpha-w)+w$$

$$\gamma=\left\{\cos\left(-\frac{2}{3}\pi\right)+i\sin\left(-\frac{2}{3}\pi\right)\right\}(\alpha-w)+w$$

したがって，

$$\beta=\left(\cos\frac{2}{3}\pi+i\sin\frac{2}{3}\pi\right)\{(3+2i)-(5+4i)\}+(5+4i)$$

$$=\left(-\frac{1}{2}+\frac{\sqrt{3}}{2}i\right)(-2-2i)+(5+4i)=(6+\sqrt{3})+(5-\sqrt{3})i$$

$$\gamma=\left\{\cos\left(-\frac{2}{3}\pi\right)+i\sin\left(-\frac{2}{3}\pi\right)\right\}\{(3+2i)-(5+4i)\}+(5+4i)$$

$$=\left(-\frac{1}{2}-\frac{\sqrt{3}}{2}i\right)(-2-2i)+(5+4i)=(6-\sqrt{3})+(5+\sqrt{3})i$$

点Bと点Cの位置を入れ替えて，B(γ)，C(β) としても，同様の結果

が得られる。

よって，他の2つの頂点を表す複素数は，

$$(6+\sqrt{3})+(5-\sqrt{3})i,\quad (6-\sqrt{3})+(5+\sqrt{3})i$$

5 複素数平面上で，複素数 α, β, γ の表す点を，それぞれ A，B，C と

教科書 **p.88** するとき，次の問いに答えよ。

(1) 3点 A，B，C が一直線上にあり，B が線分 AC を 3：1 に内分する

とき，$\dfrac{\gamma-\beta}{\alpha-\beta}$ の値を求めよ。

(2) △ABC が，AB：BC：CA＝3：4：5 を満たすとき，$\dfrac{\gamma-\beta}{\alpha-\beta}$ の値を

求めよ。

(3) $\angle\mathrm{BAC}=\dfrac{\pi}{6}$，$\angle\mathrm{ACB}=\dfrac{\pi}{4}$ のとき，$\dfrac{\gamma-\beta}{\alpha-\beta}$ の値を求めよ。

ガイド 図をかいて，3点 A，B，C の位置関係を考える。

解答 (1) 右の図より，点 C は，点 A を点 B のま

わりに π だけ回転し，さらに点 B からの

距離を $\dfrac{1}{3}$ 倍した点である。

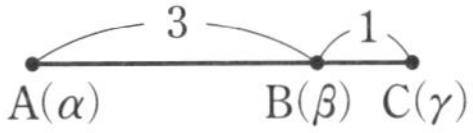

したがって，$\gamma-\beta=\dfrac{1}{3}(\cos\pi+i\sin\pi)(\alpha-\beta)=-\dfrac{1}{3}(\alpha-\beta)$

よって，$\dfrac{\gamma-\beta}{\alpha-\beta}=-\dfrac{1}{3}$

(2) AB：BC：CA＝3：4：5 を満たすとき，

△ABC は，右の図のような ∠B を直角と

する直角三角形であるから，点 C は，点 A

を点 B のまわりに $\dfrac{\pi}{2}$ または $-\dfrac{\pi}{2}$ だけ回

転し，さらに点 B からの距離を $\dfrac{4}{3}$ 倍した

点である。

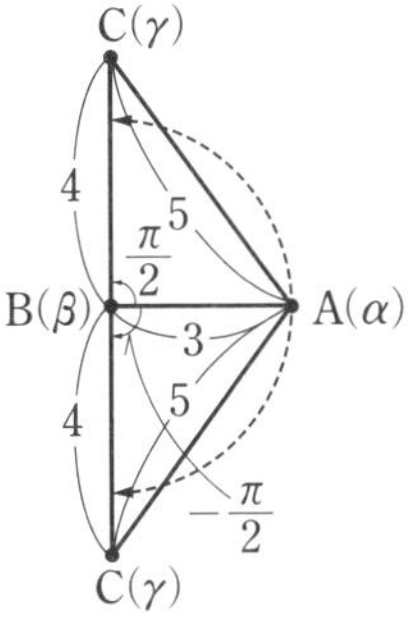

これより，

$$\gamma-\beta=\dfrac{4}{3}\left(\cos\dfrac{\pi}{2}+i\sin\dfrac{\pi}{2}\right)(\alpha-\beta)=\dfrac{4}{3}i(\alpha-\beta)$$

または，

$$\gamma-\beta=\dfrac{4}{3}\left\{\cos\left(-\dfrac{\pi}{2}\right)+i\sin\left(-\dfrac{\pi}{2}\right)\right\}(\alpha-\beta)=-\dfrac{4}{3}i(\alpha-\beta)$$

よって，$\dfrac{\gamma-\beta}{\alpha-\beta}=\pm\dfrac{4}{3}i$

⑶ ABC において，

$$\angle ABC$$
$$=\pi-\frac{\pi}{6}-\frac{\pi}{4}=\frac{7}{12}\pi$$

また，頂点 B から辺 AC に下ろした垂線と辺 AC の交点を D とし，AB＝a とする。

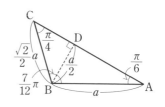

このとき，△ABD は ∠BAD＝$\dfrac{\pi}{6}$

の直角三角形であるから，BD＝$\dfrac{a}{2}$

△BCD は ∠BCD＝$\dfrac{\pi}{4}$ の直角

三角形であるから，BC＝$\dfrac{\sqrt{2}}{2}a$

したがって，点 C は，点 A を点 B のまわりに $\dfrac{7}{12}\pi$ ま

たは，$-\dfrac{7}{12}\pi$ だけ回転し，さらに B からの距離を $\dfrac{\sqrt{2}}{2}$ 倍した点

である。

これより，

$$\gamma-\beta=\frac{\sqrt{2}}{2}\left(\cos\frac{7}{12}\pi+i\sin\frac{7}{12}\pi\right)(\alpha-\beta)$$

または，

$$\gamma-\beta=\frac{\sqrt{2}}{2}\left\{\cos\left(-\frac{7}{12}\pi\right)+i\sin\left(-\frac{7}{12}\pi\right)\right\}(\alpha-\beta)$$
$$=\frac{\sqrt{2}}{2}\left(\cos\frac{7}{12}\pi-i\sin\frac{7}{12}\pi\right)(\alpha-\beta)$$

ここで，三角関数の加法定理により，

$$\cos\frac{7}{12}\pi=\cos\left(\frac{\pi}{3}+\frac{\pi}{4}\right)=\cos\frac{\pi}{3}\cos\frac{\pi}{4}-\sin\frac{\pi}{3}\sin\frac{\pi}{4}$$
$$=\frac{1}{2}\cdot\frac{\sqrt{2}}{2}-\frac{\sqrt{3}}{2}\cdot\frac{\sqrt{2}}{2}=\frac{\sqrt{2}\,(1-\sqrt{3}\,)}{4}$$

$$\sin\frac{7}{12}\pi=\sin\left(\frac{\pi}{3}+\frac{\pi}{4}\right)=\sin\frac{\pi}{3}\cos\frac{\pi}{4}+\cos\frac{\pi}{3}\sin\frac{\pi}{4}$$
$$=\frac{\sqrt{3}}{2}\cdot\frac{\sqrt{2}}{2}+\frac{1}{2}\cdot\frac{\sqrt{2}}{2}=\frac{\sqrt{2}\,(1+\sqrt{3}\,)}{4}$$

であるから,

$$\gamma - \beta = \frac{\sqrt{2}}{2}\left\{\frac{\sqrt{2}(1-\sqrt{3})}{4} + \frac{\sqrt{2}(1+\sqrt{3})}{4}i\right\}(\alpha - \beta)$$

$$= \left(\frac{1-\sqrt{3}}{4} + \frac{1+\sqrt{3}}{4}i\right)(\alpha - \beta)$$

または,

$$\gamma - \beta = \frac{\sqrt{2}}{2}\left\{\frac{\sqrt{2}(1-\sqrt{3})}{4} - \frac{\sqrt{2}(1+\sqrt{3})}{4}i\right\}(\alpha - \beta)$$

$$= \left(\frac{1-\sqrt{3}}{4} - \frac{1+\sqrt{3}}{4}i\right)(\alpha - \beta)$$

よって,　$\dfrac{\gamma - \beta}{\alpha - \beta} = \dfrac{1-\sqrt{3}}{4} \pm \dfrac{1+\sqrt{3}}{4}i$

別解　(1)　β が線分 AC を 3:1 に内分するから,　$\beta = \dfrac{\alpha + 3\gamma}{4}$

$4\beta = \alpha + 3\gamma,\ \alpha - \beta = -3(\gamma - \beta)$ より,　$\dfrac{\gamma - \beta}{\alpha - \beta} = -\dfrac{1}{3}$

6　複素数 z が等式 $|z-1|=1$ を満たすとき, 複素数平面上で, $w = z - i$
教科書 の表す点 w の全体は, どのような図形を描くか。また, このとき, $|w|$ の
p.89 最大値と最小値を求めよ。

ガイド　$|w|$ の最大値と最小値は, 図をかいてみるとよい。

解答　$w = z - i$ より,　$z = w + i$

これを $|z-1|=1$ に代入すると,

$|w-1+i|=1$

よって, $|w-(1-i)|=1$ より, 点 w の全体
は, **点 $1-i$ を中心とする半径 1 の円**を描く。

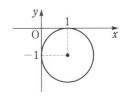

$|w|$ は, 点 w と原点 O との間の距離を表す。

$|w|$ が最大となるのは, 原点 O, 点 $1-i$,
点 w がこの順に一直線上にあるときである。

原点 O と点 $1-i$ との間の距離は,

$|1-i| = \sqrt{1^2 + (-1)^2} = \sqrt{2}$

よって, **$|w|$ の最大値は,　$\sqrt{2} + 1$**

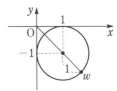

また，$|w|$ が最小となるのは，原点 O，点 w，点 $1-i$ がこの順に一直線上にあるときである。

よって，$|w|$ **の最小値は，**　$\sqrt{2}-1$

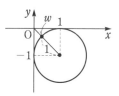

――――――――――　B　――――――――――

□ **7**

教科書 p.89

複素数平面上において，$\alpha=\sqrt{3}+i$，$\beta=6+2i$ とするとき，次の問いに答えよ。

(1)　点 β と実軸に関して対称な点 β' を表す複素数を求めよ。

(2)　2 点 0，α を通る直線 ℓ に関して，点 β と対称な点 γ を表す複素数を求めよ。

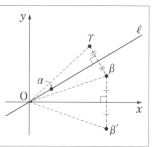

ガイド　(1)　点 β と実軸に関して対称な点は，点 $\overline{\beta}$ である。

(2)　直線 ℓ と実軸の正の向きとのなす角を θ とすると，点 γ は，点 β' を原点のまわりに 2θ だけ回転した点である。

解答　(1)　点 β と実軸に関して対称な点 β' は，点 $\overline{\beta}$ と一致するから，

$$\beta'=\overline{\beta}=6-2i$$

(2)　$\alpha=\sqrt{3}+i$ を極形式で表すと，

$$\alpha=2\left(\cos\frac{\pi}{6}+i\sin\frac{\pi}{6}\right)$$

であるから，α の偏角は $\dfrac{\pi}{6}$ である。

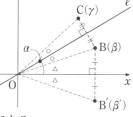

B(β)，B$'(\beta')$，C(γ) とすると，点 B$'$ は点 B と実軸に関して対称な点であるから，実軸は，∠BOB$'$ の二等分線である。

また，点 C は点 B と直線 ℓ に関して対称な点であるから，直線 ℓ は，∠BOC の二等分線である。

これより，α の偏角を θ とすると，

$$\theta=\frac{1}{2}\angle\text{BOB}'+\frac{1}{2}\angle\text{BOC}=\frac{1}{2}\angle\text{B}'\text{OC}$$

であるから，　$\angle\text{B}'\text{OC}=2\theta=2\times\dfrac{\pi}{6}=\dfrac{\pi}{3}$

また，OB′=OB=OC より，

点Cは，点B′を原点Oのまわりに $\dfrac{\pi}{3}$ だけ回転した点である。

よって，

$$\gamma=\left(\cos\frac{\pi}{3}+i\sin\frac{\pi}{3}\right)(6-2i)=\left(\frac{1}{2}+\frac{\sqrt{3}}{2}i\right)(6-2i)$$
$$=(3+\sqrt{3})+(3\sqrt{3}-1)i$$

8 複素数平面上で，3 点 A(α)，B(β)，C(γ)を頂点とする△ABCについて，次の等式が成り立つとき，△ABC はどのような三角形か。

教科書 **p.89**

(1) $(\alpha-\gamma)^2+(\beta-\gamma)^2=0$

(2) $\alpha^2+\beta^2+\gamma^2-\alpha\beta-\beta\gamma-\gamma\alpha=0$

ガイド (1) 等式の両辺を $(\alpha-\gamma)^2$ で割る。

(2) $\alpha-\beta$ と $\alpha-\gamma$ の関係式となるように，等式を変形する。

解答 (1) $(\alpha-\gamma)^2+(\beta-\gamma)^2=0$ より，　$\dfrac{(\beta-\gamma)^2}{(\alpha-\gamma)^2}=-1$

これより，　$\dfrac{\beta-\gamma}{\alpha-\gamma}=i$ または $\dfrac{\beta-\gamma}{\alpha-\gamma}=-i$

であるから，

$$\frac{\beta-\gamma}{\alpha-\gamma}=\cos\frac{\pi}{2}+i\sin\frac{\pi}{2}$$

または　$\dfrac{\beta-\gamma}{\alpha-\gamma}=\cos\left(-\dfrac{\pi}{2}\right)+i\sin\left(-\dfrac{\pi}{2}\right)$

したがって，点Bは，点Aを点Cのまわりに $\dfrac{\pi}{2}$ または $-\dfrac{\pi}{2}$ だけ回転した点である。

よって，△ABC は，**∠C を直角とする直角二等辺三角形**である。

(2) $\alpha^2+\beta^2+\gamma^2-\alpha\beta-\beta\gamma-\gamma\alpha=0$ より，

$\alpha^2-(\beta+\gamma)\alpha+\beta^2-\beta\gamma+\gamma^2=0$

$(\alpha-\beta)(\alpha-\gamma)+\beta^2-2\beta\gamma+\gamma^2=0$

$(\alpha-\beta)(\alpha-\gamma)+(\beta-\gamma)^2=0$

両辺を $(\alpha-\gamma)(\beta-\gamma)$ で割って整理すると，

$$\frac{\alpha-\beta}{\gamma-\beta}=\frac{\beta-\gamma}{\alpha-\gamma}$$

すなわち，$\left|\dfrac{\alpha-\beta}{\gamma-\beta}\right|=\left|\dfrac{\beta-\gamma}{\alpha-\gamma}\right|$, $\arg\dfrac{\alpha-\beta}{\gamma-\beta}=\arg\dfrac{\beta-\gamma}{\alpha-\gamma}$

したがって，$\dfrac{\text{BA}}{\text{BC}}=\dfrac{\text{CB}}{\text{CA}}$ 　　……①

∠CBA＝∠ACB 　　……②

②より，BA＝CA

これと①より，BA＝CA＝BC

よって，△ABC は，**正三角形**である。

9
教科書 **p.89**

$z=2(\cos\theta+i\sin\theta)$ に対して，$w=iz^2$ とおく。θ が $0\leqq\theta\leqq\dfrac{\pi}{2}$ の範囲を動くとき，点 z の描く図形と点 w の描く図形を，それぞれ複素数平面上に図示せよ。

ガイド w を極形式で表して考える。また，偏角の範囲に注意する。

解答 $z=2(\cos\theta+i\sin\theta)$ より，　$|z|=2$

θ は $0\leqq\theta\leqq\dfrac{\pi}{2}$ の範囲を動くから，　$0\leqq\arg z\leqq\dfrac{\pi}{2}$

したがって，点 z は，原点を中心とする半径 2 の円を

$0\leqq\arg z\leqq\dfrac{\pi}{2}$ の範囲で描く。

また，$w=iz^2$ に $z=2(\cos\theta+i\sin\theta)$ を代入すると，

$i=\cos\dfrac{\pi}{2}+i\sin\dfrac{\pi}{2}$ であるから，

$$w=\left(\cos\dfrac{\pi}{2}+i\sin\dfrac{\pi}{2}\right)\{2(\cos\theta+i\sin\theta)\}^2$$

$$=4\left(\cos\dfrac{\pi}{2}+i\sin\dfrac{\pi}{2}\right)(\cos 2\theta+i\sin 2\theta)$$

$$=4\left\{\cos\left(2\theta+\dfrac{\pi}{2}\right)+i\sin\left(2\theta+\dfrac{\pi}{2}\right)\right\}$$

これより，　$|w|=4$

θ は $0\leqq\theta\leqq\dfrac{\pi}{2}$ の範囲を動くから，$\dfrac{\pi}{2}\leqq 2\theta+\dfrac{\pi}{2}\leqq\dfrac{3}{2}\pi$ より，

$\dfrac{\pi}{2}\leqq\arg w\leqq\dfrac{3}{2}\pi$

したがって，点 w は，原点を中心とする半径 4 の円を

$\dfrac{\pi}{2} \leqq \arg w \leqq \dfrac{3}{2}\pi$ の範囲で描く。

よって，点 z と点 w が描く図形は，それぞれ次のようになる。

点 z の描く図形

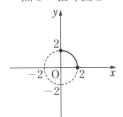

点 w の描く図形

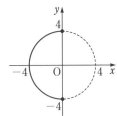

□ **10** 複素数 z が等式 $|z+i|=|2z-i|$ を満たすとき，次の問いに答えよ。

教科書
p.89

(1) 複素数平面上において，この等式を満たす点 z の全体は，どのような図形を表すか。

(2) 3点 $z+i$, i, $z-i$ が三角形を作るとき，この3点を頂点とする三角形の面積の最大値を求めよ。また，そのときの z の値を求めよ。

ガイド (1) 等式 $|z+i|=|2z-i|$ の両辺を2乗して整理する。

(2) 2点 $z+i$, $z-i$ を結ぶ線分の長さは，つねに2となる。

解答▶ (1) 等式の両辺を2乗すると，　　$|z+i|^2=|2z-i|^2$

$$(z+i)\overline{(z+i)}=(2z-i)\overline{(2z-i)}$$
$$(z+i)(\bar{z}-i)=(2z-i)(2\bar{z}+i)$$

両辺を展開して整理すると，

$$z\bar{z}+iz-i\bar{z}=0$$
$$z\bar{z}+iz-i\bar{z}+1=1$$
$$(z-i)(\bar{z}+i)=1$$
$$(z-i)\overline{(z-i)}=1$$
$$|z-i|^2=1$$

したがって，　　$|z-i|=1$

よって，点 z の全体は，**点 i を中心とする半径1の円**を表す。

(2) $A(z+i)$, $B(z-i)$, $C(i)$ とすると，
$\triangle ABC$ の底辺を辺 AB としたとき，高
さは点 C と直線 AB の距離になる。

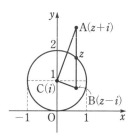

直線 AB は虚軸に平行であるから，点
C と直線 AB の距離は，点 z と虚軸の距
離に等しい。

2 点 A，B を結ぶ線分の長さは，
$|(z+i)-(z-i)|=|2i|=2$ より，つねに 2 となる。

したがって，$\triangle ABC$ の面積が最大となるのは，点 z と虚軸の
距離が最大となるときであり，(1)より，点 z は点 i を中心とする
半径 1 の円周上を動くことから，$z=1+i$，$-1+i$ のときである。

このときの点 z と虚軸の距離は 1 であるから，$\triangle ABC$ の面積
の最大値は，$\dfrac{1}{2}\times 2\times 1=1$

よって，　$z=1+i$，$-1+i$ **のとき，最大値 1**

第3章　平面上の曲線

第1節　2次曲線

1　放物線

問 1　放物線 $x^2=2y$ の焦点と準線を求めよ。

教科書
p.92

- -

ガイド　平面上の定直線 ℓ と，ℓ 上にない定点 F からの距離が等しい点の軌
跡を**放物線**といい，F をその**焦点**，ℓ を**準線**という。

　　　放物線の焦点を通り，準線に垂直な直線を，
放物線の**軸**といい，軸と放物線の交点を**頂点**
という。放物線は軸に関して対称である。

　　　$p\neq0$ とする。座標平面上で，焦点 $(0,\ p)$，
準線 $y=-p$ の放物線の方程式は，

$$x^2=4py \qquad または，\qquad y=\frac{1}{4p}x^2$$

解答　$x^2=4\cdot\dfrac{1}{2}y$ より，

焦点は点 $\left(0,\ \dfrac{1}{2}\right)$，**準線は直線** $y=-\dfrac{1}{2}$

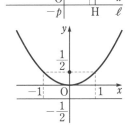

問 2　次の放物線の焦点と準線を求め，その概形をかけ。

教科書
p.93

(1)　$y^2=4x$　　　　　　　　　　(2)　$x+2y^2=0$

- -

ガイド

ここがポイント ☞ ［x 軸を軸とする放物線の方程式］

　　焦点 $(p,\ 0)$，準線 $x=-p$ の
　　放物線の方程式は　　$y^2=4px$
　　　頂点は，**原点 O$(0,\ 0)$**
　　　軸は，**直線 $y=0$**

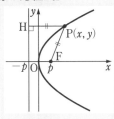

$y^2=4px$ を放物線の方程式の**標準形**という。

$y^2=4px$ の形に変形し，p の値を判断する。

解答▶ (1)　$y^2=4\cdot 1x$ であるから，

焦点は点 $(1,\ 0)$, 準線は直線 $x=-1$

概形は右の図のようになる。

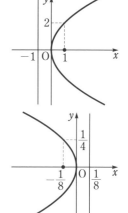

(2)　$y^2=-\dfrac{1}{2}x=4\cdot\left(-\dfrac{1}{8}\right)\cdot x$ であるから，

焦点は点 $\left(-\dfrac{1}{8},\ 0\right)$, 準線は直線 $x=\dfrac{1}{8}$

概形は右の図のようになる。

問 3　次の放物線の方程式を求めよ。

教科書 **p.93**　(1)　焦点 $(3,\ 0)$, 準線 $x=-3$　　　(2)　焦点 $(-4,\ 0)$, 準線 $x=4$

ガイド　焦点が x 軸上にあるから，求める方程式は $y^2=4px$ の標準形で書ける。

解答▶ (1)　$y^2=4\cdot 3x$ であるから，　**$y^2=12x$**

(2)　$y^2=4\cdot(-4)x$ であるから，　**$y^2=-16x$**

⚠注意　(1)　焦点 $(3,\ 0)$ からの距離と準線 $x=-3$ からの距離が等しい点を $\mathrm{P}(x,\ y)$ とすると，　$\sqrt{(x-3)^2+y^2}=|x-(-3)|$

両辺を2乗して整理すると，　$y^2=12x$

2 楕円

問 4　次の楕円の焦点，頂点，および長軸と短軸の長さを求め，その概形をかけ。

教科書 **p.95**　(1)　$\dfrac{x^2}{3}+\dfrac{y^2}{2}=1$　　　　　(2)　$x^2+9y^2=9$

ガイド　平面上の2定点 F, F′ からの距離の和が一定であるような点Pの軌跡を**楕円**といい，定点 F, F′ をその**焦点**という。

線分 FF' の中点を**中心**といい，直線 FF'
のうち楕円によって切り取られてできる線
分を**長軸**，長軸の垂直二等分線のうち楕円
によって切り取られてできる線分を**短軸**と
いう。長軸と短軸の両端の点を**頂点**という。

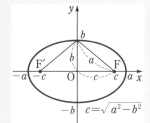

ここがポイント 👉 **[楕円の方程式]**

$a>b>0$ のとき，焦点が2点
$F(\sqrt{a^2-b^2},\ 0)$, $F'(-\sqrt{a^2-b^2},\ 0)$
である楕円の方程式は，

$$\frac{x^2}{a^2}+\frac{y^2}{b^2}=1$$

長軸の長さは $2a$，短軸の長さは
$2b$ であり，楕円上の任意の点Pに
対して，$PF+PF'=2a$

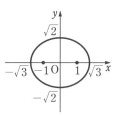

距離の和が一定

楕円 $\dfrac{x^2}{a^2}+\dfrac{y^2}{b^2}=1$ では，頂点は4点 $(a,\ 0)$, $(-a,\ 0)$, $(0,\ b)$,

$(0,\ -b)$ であり，中心は原点 $O(0,\ 0)$ である。

解答▶　(1)　楕円の方程式は，$\dfrac{x^2}{(\sqrt{3})^2}+\dfrac{y^2}{(\sqrt{2})^2}=1$ となる。

　　　焦点は，$\sqrt{3-2}=1$ より，
　　　　　2点 $(1,\ 0)$, $(-1,\ 0)$
　　　頂点は，4点 $(\sqrt{3},\ 0)$, $(-\sqrt{3},\ 0)$,
　　　　　　　　$(0,\ \sqrt{2})$, $(0,\ -\sqrt{2})$
　　　長軸の長さは $2\sqrt{3}$，短軸の長さは $2\sqrt{2}$
　　　概形は右の図のようになる。

(2)　楕円の方程式は，$\dfrac{x^2}{3^2}+\dfrac{y^2}{1^2}=1$ となる。

　　　焦点は，$\sqrt{9-1}=2\sqrt{2}$ より，
　　　　　2点 $(2\sqrt{2},\ 0)$, $(-2\sqrt{2},\ 0)$
　　　頂点は，4点 $(3,\ 0)$, $(-3,\ 0)$,
　　　　　　　　$(0,\ 1)$, $(0,\ -1)$
　　　長軸の長さは 6，短軸の長さは 2
　　　概形は右の図のようになる。

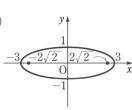

問 5　2点 $(4, 0)$, $(-4, 0)$ を焦点とし，焦点からの距離の和が 10 である楕

教科書
p.95
円の方程式を求めよ。

ガイド　楕円の方程式を $\dfrac{x^2}{a^2}+\dfrac{y^2}{b^2}=1$ $(a>b>0)$ とおくと，焦点からの距

離の和が 10 であるから，$2a=10$ である。

解答　求める方程式は，$\dfrac{x^2}{a^2}+\dfrac{y^2}{b^2}=1$ $(a>b>0)$

とおける。

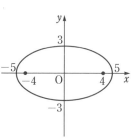

　　焦点 $(4, 0)$, $(-4, 0)$ からの距離の和が

10 であるから，

　　　$2a=10$，すなわち，　$a=5$

また，$\sqrt{a^2-b^2}=4$ より，　$b=3$

よって，楕円の方程式は，　$\dfrac{x^2}{25}+\dfrac{y^2}{9}=1$

問 6　次の楕円の焦点，頂点，および長軸と短軸の長さを求め，その概形をか

教科書
p.96
け。

(1) $\dfrac{x^2}{9}+\dfrac{y^2}{25}=1$　　　　　　(2) $x^2+\dfrac{y^2}{5}=1$

ガイド　焦点が y 軸上にある楕円を考える。

$b>a>0$ のとき，方程式 $\dfrac{x^2}{a^2}+\dfrac{y^2}{b^2}=1$

の表す曲線は，y 軸上の2点

　　$\mathrm{F}(0, \sqrt{b^2-a^2})$, $\mathrm{F'}(0, -\sqrt{b^2-a^2})$

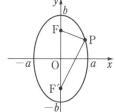

を焦点とする楕円である。

　　また，長軸は y 軸上，短軸は x 軸上にあり，長軸の長さは $2b$，短軸

の長さは $2a$ である。

解答　(1)　**焦点は**，$\sqrt{25-9}=4$ より，

　　　　2点 $(0, 4)$, $(0, -4)$

　　　頂点は，**4点 $(3, 0)$, $(-3, 0)$**,

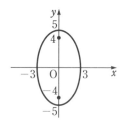

　　　　　　$(0, 5)$, $(0, -5)$

　　　長軸の長さは 10，短軸の長さは 6

　　　概形は右の図のようになる。

(2) **焦点は,** $\sqrt{5-1}=2$ **より,**

  2点 $(0,\ 2),\ (0,\ -2)$

  頂点は, 4点 $(1,\ 0),\ (-1,\ 0),$

  $(0,\ \sqrt{5}),\ (0,\ -\sqrt{5})$

  長軸の長さは $2\sqrt{5}$, **短軸の長さは** 2

  概形は右の図のようになる。

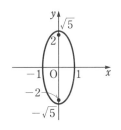

問 7 円 $x^2+y^2=9$ を x 軸を基準にして次のように縮小または拡大してできる図形は, どのような図形か。

教科書 **p.97**

(1) y 軸方向に $\dfrac{2}{3}$ 倍　　　(2) y 軸方向に2倍

ガイド 円周上の点Pの座標を $(s,\ t)$, 求める図形上の点Qの座標を $(x,\ y)$ とする。$s,\ t,\ x,\ y$ の関係式を導き, 点Pが円周上の点であることを用いて, x と y の関係式を導く。

解答 円周上の点を $P(s,\ t)$ とすると,

  $s^2+t^2=9$ ……①

また, 点Pが移る点を $Q(x,\ y)$ とする。

(1) $x=s,\ y=\dfrac{2}{3}t$

  すなわち, $s=x,\ t=\dfrac{3}{2}y$ ……②

  ②を①に代入すると,

  $x^2+\left(\dfrac{3}{2}y\right)^2=9$

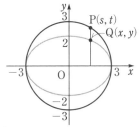

  よって, 求める図形は, **楕円** $\dfrac{x^2}{9}+\dfrac{y^2}{4}=1$ である。

(2) $x=s,\ y=2t$

  すなわち, $s=x,\ t=\dfrac{1}{2}y$ ……③

  ③を①に代入すると,

  $x^2+\left(\dfrac{1}{2}y\right)^2=9$

  よって, 求める図形は, **楕円** $\dfrac{x^2}{9}+\dfrac{y^2}{36}=1$ である。

⚠️注意　一般に，楕円 $\dfrac{x^2}{a^2}+\dfrac{y^2}{b^2}=1$ は，円 $x^2+y^2=a^2$ を x 軸を基準にして

y 軸方向に $\dfrac{b}{a}$ 倍した曲線である。円の方程式は楕円の方程式で $a=b$

とした特別な場合である。

問 8　教科書97ページの例題2において，線分 PQ を $4:1$ に内分する点は

教科書
p.97　どのような曲線上を動くか。

- -

ガイド　点 P，Q の座標をそれぞれ $(s,\ 0)$，$(0,\ t)$，線分 PQ を $4:1$ に内分
する点の座標を $(x,\ y)$ とおく。s，t，x，y の関係式を導き，線分 PQ
の長さが5であることを用いて，x と y の関係式を導く。

解答　P$(s,\ 0)$，Q$(0,\ t)$ とおくと，

　PQ$=5$ より，　　$s^2+t^2=5^2$　　　……①

　　線分 PQ を $4:1$ に内分する点の座標を

$(x,\ y)$ とすると，

$$x=\dfrac{1}{5}s, \qquad y=\dfrac{4}{5}t$$

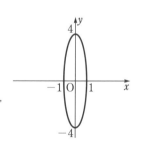

　すなわち，　$s=5x$，　　$t=\dfrac{5}{4}y$　　　……②

　②を①に代入すると，

$$(5x)^2+\left(\dfrac{5}{4}y\right)^2=5^2$$

　すなわち，　$x^2+\dfrac{y^2}{4^2}=1$

　よって，線分 PQ を $4:1$ に内分する点は，

楕円 $x^2+\dfrac{y^2}{16}=1$ 上を動く。

3　双曲線

問 9　次の双曲線の焦点，頂点，および漸近線を求め，その概形をかけ。

教科書
p.100　(1)　$\dfrac{x^2}{3}-y^2=1$　　　(2)　$x^2-y^2=1$　　　(3)　$3x^2-2y^2=6$

- -

ガイド　平面上の2定点 F，F′ からの距離の差が一定であるような点Pの軌

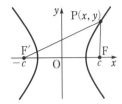

跡を**双曲線**といい，定点 F，F′ をその**焦点**という。

　双曲線において，2つの焦点 F，F′ を結ぶ直線を**主軸**といい，主軸と双曲線の2つの交点を**頂点**，線分 FF′ の中点を**中心**という。

　双曲線 $\dfrac{x^2}{a^2}-\dfrac{y^2}{b^2}=1$ は，原点から遠ざかるにつれて，第 1，3 象限の

部分は直線 $y=\dfrac{b}{a}x$ に限りなく近づき，第 2，4 象限の部分は直線

$y=-\dfrac{b}{a}x$ に限りなく近づく。この2直線 $y=\dfrac{b}{a}x$，$y=-\dfrac{b}{a}x$ を双

曲線 $\dfrac{x^2}{a^2}-\dfrac{y^2}{b^2}=1$ の**漸近線**という。

第3章　平面上の曲線

> ### ここがポイント ☞ ［双曲線の方程式］
>
> 　$a>0$，$b>0$ のとき，焦点が2点
> $\mathrm{F}(\sqrt{a^2+b^2},\ 0)$，$\mathrm{F}'(-\sqrt{a^2+b^2},\ 0)$
> である双曲線の方程式は，
>
> $$\dfrac{x^2}{a^2}-\dfrac{y^2}{b^2}=1$$
>
> 漸近線は，
>
> 2直線 $y=\dfrac{b}{a}x$，$y=-\dfrac{b}{a}x$ であり，
>
> 双曲線上の任意の点Pに対して，$|\mathrm{PF}-\mathrm{PF}'|=2a$

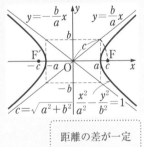

> 距離の差が一定

　双曲線 $\dfrac{x^2}{a^2}-\dfrac{y^2}{b^2}=1$ では，x 軸が主軸であり，頂点は2点 $(a,\ 0)$，

$(-a,\ 0)$，中心は原点 $\mathrm{O}(0,\ 0)$ である。また，この曲線は，x 軸，y 軸，原点のいずれに関しても対称である。

解答　(1) **焦点は**，$\sqrt{3+1}=2$ より，

　　　　　　2 点 $(2,\ 0)$，$(-2,\ 0)$

　　　　頂点は，2 点 $(\sqrt{3},\ 0)$，$(-\sqrt{3},\ 0)$

　　　　漸近線は，2 直線 $y=\dfrac{\sqrt{3}}{3}x$，$y=-\dfrac{\sqrt{3}}{3}x$

　　　　概形は右の図のようになる。

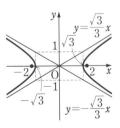

(2) **焦点は**, $\sqrt{1+1}=\sqrt{2}$ より,

　　　　　2 点 $(\sqrt{2},\ 0),\ (-\sqrt{2},\ 0)$

頂点は, 2 点 $(1,\ 0),\ (-1,\ 0)$

漸近線は, 2 直線 $y=x,\ y=-x$

概形は右の図のようになる。

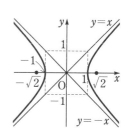

(3) 双曲線の方程式は, $\dfrac{x^2}{2}-\dfrac{y^2}{3}=1$ となる。

焦点は, $\sqrt{2+3}=\sqrt{5}$ より,

　　　　　2 点 $(\sqrt{5},\ 0),\ (-\sqrt{5},\ 0)$

頂点は, 2 点 $(\sqrt{2},\ 0),\ (-\sqrt{2},\ 0)$

漸近線は, 2 直線 $y=\dfrac{\sqrt{6}}{2}x,\ y=-\dfrac{\sqrt{6}}{2}x$

概形は右の図のようになる。

■問 10 　2 点 $(4,\ 0),\ (-4,\ 0)$ を焦点とし，焦点からの距離の差が 6 である双曲

教科書
p.100 　線の方程式とその漸近線を求めよ。

- -

ガイド 　双曲線の方程式を $\dfrac{x^2}{a^2}-\dfrac{y^2}{b^2}=1$ $(a>0,\ b>0)$ とおくと，焦点から

の距離の差が 6 であるから，$2a=6$ である。

解答 　求める方程式は，$\dfrac{x^2}{a^2}-\dfrac{y^2}{b^2}=1$ $(a>0,\ b>0)$ とおける。

焦点からの距離の差が 6 であるから，

　　　$2a=6$, すなわち，　$a=3$

また，$\sqrt{a^2+b^2}=4$ より，　$b=\sqrt{7}$

よって，**双曲線の方程式は**，$\dfrac{x^2}{9}-\dfrac{y^2}{7}=1$

漸近線は，2 直線 $y=\dfrac{\sqrt{7}}{3}x,\ y=-\dfrac{\sqrt{7}}{3}x$

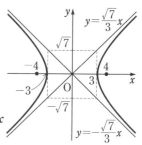

■問 11 　2 点 $(3,\ 0),\ (-3,\ 0)$ を焦点とする直角双曲線の方程式を求めよ。

教科書
p.100

- -

ガイド　双曲線 $\dfrac{x^2}{a^2}-\dfrac{y^2}{b^2}=1$ で，とくに $a=b$

のとき，$x^2-y^2=a^2$ となる。この双曲線
の漸近線は，直線 $y=x$ と $y=-x$ で，
これらは互いに直交している。このように，
直交する漸近線をもつ双曲線を**直角双曲線**
という。

　直角双曲線 $x^2-y^2=a^2$ の焦点は，2点
F$(\sqrt{2}\,a,\ 0)$，F$'(-\sqrt{2}\,a,\ 0)$ である。

解答　求める方程式は，$x^2-y^2=a^2\ (a>0)$ とおける。
　　　　焦点の座標が $(3,\ 0)$，$(-3,\ 0)$ であるから，

$$\sqrt{a^2+a^2}=3\ \text{より，}\ a^2=\dfrac{9}{2}$$

　　　　よって，直角双曲線の方程式は，　　$\boldsymbol{x^2-y^2=\dfrac{9}{2}}$

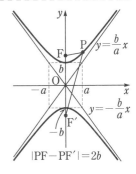

問 12　次の双曲線の焦点，頂点，および漸近線を求め，その概形をかけ。

教科書
p.101　(1) $\dfrac{x^2}{4}-\dfrac{y^2}{9}=-1$　　　(2) $x^2-y^2=-1$　　　(3) $3x^2-4y^2=-12$

- -

ガイド　焦点が y 軸上にある双曲線を考える。

　方程式 $\dfrac{x^2}{a^2}-\dfrac{y^2}{b^2}=-1$ は，y 軸を主軸とし，

焦点が，2点 F$(0,\ \sqrt{a^2+b^2})$，
　　　　　F$'(0,\ -\sqrt{a^2+b^2})$

頂点が，2点 $(0,\ b)$，$(0,\ -b)$

漸近線が，2直線 $y=\dfrac{b}{a}x$，$y=-\dfrac{b}{a}x$

となる双曲線を表している。

解答　(1)　**焦点は**，$\sqrt{4+9}=\sqrt{13}$ より，
　　　　　　　　2点 $(0,\ \sqrt{13})$，$(0,\ -\sqrt{13})$

　　　　頂点は，2点 $(0,\ 3)$，$(0,\ -3)$

　　　　漸近線は，2直線 $y=\dfrac{3}{2}x$，$y=-\dfrac{3}{2}x$

　　　　概形は右の図のようになる。

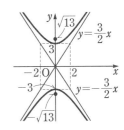

(2) **焦点は**, $\sqrt{1+1}=\sqrt{2}$ より,

$\quad\quad$ 2点 $(0, \sqrt{2})$, $(0, -\sqrt{2})$

頂点は, 2点 $(0, 1)$, $(0, -1)$

漸近線は, 2直線 $y=x$, $y=-x$

概形は右の図のようになる。

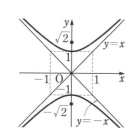

(3) 方程式は, $\dfrac{x^2}{4}-\dfrac{y^2}{3}=-1$ となる。

焦点は, $\sqrt{4+3}=\sqrt{7}$ より,

$\quad\quad$ 2点 $(0, \sqrt{7})$, $(0, -\sqrt{7})$

頂点は, 2点 $(0, \sqrt{3})$, $(0, -\sqrt{3})$

漸近線は, 2直線

$$y=\dfrac{\sqrt{3}}{2}x, \quad y=-\dfrac{\sqrt{3}}{2}x$$

概形は右の図のようになる。

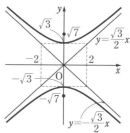

⚠️**注意** これまでに学んだ放物線, 楕円, 双曲線, および円は, x と y の2次方程式で表される。このような曲線を**2次曲線**という。

④ 2次曲線の平行移動

問 13 双曲線 $x^2-y^2=1$ を, x軸方向に2, y軸方向に -3 だけ平行移動し

教科書
p.102 た双曲線の方程式を求めよ。
- -
ガイド 一般に, x, y の方程式 $f(x, y)=0$ が曲線を表すならば, この曲線を**方程式 $f(x, y)=0$ の表す曲線**, または**曲線 $f(x, y)=0$** という。また, 方程式 $f(x, y)=0$ を, この**曲線の方程式**という。

> **ここがポイント 👉 [曲線の平行移動]**
> 曲線 $f(x, y)=0$ を, x軸方向に p, y軸方向に q だけ
> 平行移動した曲線の方程式は, $f(x-p, y-q)=0$

本問では, $f(x, y)=x^2-y^2-1$ であり, 双曲線 $f(x, y)=0$ を x軸方向に2, y軸方向に -3 だけ平行移動した双曲線の方程式は, $f(x-2, y-(-3))=0$ となる。

解答 $(x-2)^2-\{y-(-3)\}^2=1$

$\quad\quad$ よって, $(x-2)^2-(y+3)^2=1$

問 14 次の方程式は，どのような図形を表すか。

教科書 **p.103**

(1)　$y^2 = x + 2y - 1$ 　　　　　　　(2)　$9x^2 + 4y^2 - 18x + 16y - 11 = 0$

(3)　$3x^2 - y^2 + 6x - 6y = 0$

ガイド 方程式を，x，y のそれぞれについて平方完成する。

解答 (1)　$y^2 = x + 2y - 1$ を変形すると，

$$y^2 - 2y + 1 = x$$
$$(y-1)^2 = x$$

よって，この方程式は，**放物線 $y^2 = x$ を y 軸方向に 1 だけ平行移動した放物線** を表す。

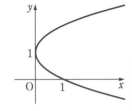

(2)　$9x^2 + 4y^2 - 18x + 16y - 11 = 0$ を変形すると，

$$9(x^2 - 2x) + 4(y^2 + 4y) - 11 = 0$$
$$9\{(x-1)^2 - 1\} + 4\{(y+2)^2 - 4\} - 11 = 0$$
$$9(x-1)^2 + 4(y+2)^2 = 36$$
$$\frac{(x-1)^2}{4} + \frac{(y+2)^2}{9} = 1$$

よって，この方程式は，**楕円 $\dfrac{x^2}{4} + \dfrac{y^2}{9} = 1$ を x 軸方向に 1，y 軸方向に -2 だけ平行移動した楕円**を表す。

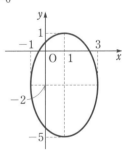

(3)　$3x^2 - y^2 + 6x - 6y = 0$ を変形すると，

$$3(x^2 + 2x) - (y^2 + 6y) = 0$$
$$3\{(x+1)^2 - 1\} - \{(y+3)^2 - 9\} = 0$$
$$3(x+1)^2 - (y+3)^2 = -6$$
$$\frac{(x+1)^2}{2} - \frac{(y+3)^2}{6} = -1$$

よって，この方程式は，**双曲線 $\dfrac{x^2}{2} - \dfrac{y^2}{6} = -1$ を x 軸方向に -1，y 軸方向に -3 だけ平行移動した双曲線**を表す。

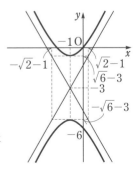

第 3 章　平面上の曲線

5 2次曲線と直線の共有点

問15
教科書
p.104
kを定数とするとき，放物線 $y^2=4x$ と直線 $y=x+k$ の共有点の個数を調べよ。

ガイド $y^2=4x$ と $y=x+k$ を連立させて得られる2次方程式の判別式の符号を調べる。

解答
$$\begin{cases} y^2=4x & \cdots\cdots① \\ y=x+k & \cdots\cdots② \end{cases}$$
②を①に代入してyを消去すると，
$$(x+k)^2=4x$$
$$x^2+2(k-2)x+k^2=0 \quad\cdots\cdots③$$
放物線①と直線②の共有点の個数は，方程式③の異なる実数解の個数に等しい。
③の判別式をDとすると，
$$\frac{D}{4}=(k-2)^2-k^2=-4(k-1)$$
よって，①と②の共有点の個数は，次のようになる。

$D>0$，すなわち，**$k<1$ のとき，**　**2個**
$D=0$，すなわち，**$k=1$ のとき，**　**1個**
$D<0$，すなわち，**$k>1$ のとき，**　**0個**

問16
教科書
p.105
点 $(2,\ 0)$ から楕円 $3x^2+y^2=6$ に引いた接線の方程式を求めよ。また，接点の座標を求めよ。

ガイド 点 $(2,\ 0)$ を通る接線は，x軸に垂直ではないから，その方程式は，$y=m(x-2)$ とおくことができる。これと楕円の方程式を連立させて得られる2次方程式の判別式Dが0となるときのmの値を求める。

解答 点 $(2,\ 0)$ を通る接線は，x軸に垂直ではないから，その方程式は，　$y=m(x-2)$ とおくことができる。
これを $3x^2+y^2=6$ に代入すると，
$$3x^2+\{m(x-2)\}^2=6$$
$$(m^2+3)x^2-4m^2x+4m^2-6=0 \quad\cdots\cdots①$$

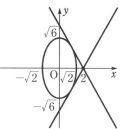

$m^2+3\neq0$ より，①は x についての2次方程式であるから，その判別式を D とすると，接するのは，$D=0$ のときである。

したがって，$\dfrac{D}{4}=(-2m^2)^2-(m^2+3)(4m^2-6)=0$

これより，$4m^4-(4m^4+6m^2-18)=0$

$m^2-3=0$ すなわち，$m=\pm\sqrt{3}$

よって，接線の方程式は，$y=\sqrt{3}\,x-2\sqrt{3}$，$y=-\sqrt{3}\,x+2\sqrt{3}$

また，接点の x 座標は，①より，$x=\dfrac{2m^2}{m^2+3}$ であるから，

$m^2=3$ から，$x=\dfrac{2\cdot3}{3+3}=1$ 　接点の y 座標は，

接線が $y=\sqrt{3}\,x-2\sqrt{3}$ のとき，$y=\sqrt{3}\cdot1-2\sqrt{3}=-\sqrt{3}$

$y=-\sqrt{3}\,x+2\sqrt{3}$ のとき，$y=-\sqrt{3}\cdot1+2\sqrt{3}=\sqrt{3}$

以上から，求める接線の方程式と接点の座標は，

接線 $y=\sqrt{3}\,x-2\sqrt{3}$，接点 $(1,\ -\sqrt{3})$

接線 $y=-\sqrt{3}\,x+2\sqrt{3}$，接点 $(1,\ \sqrt{3})$

6 2次曲線と離心率

問 17 点 F$(7,\ 0)$ からの距離と直線 $x=1$ からの距離の比が $2:1$ であるような点 P$(x,\ y)$ の軌跡を求めよ。

教科書 **p.107**

ガイド 一般に，点Pから，定点Fへの距離 PF と，定直線 ℓ への距離 PH の比の値 $e=\dfrac{PF}{PH}$ が一定であるとき，点Pの軌跡は次のような2次曲線になる。

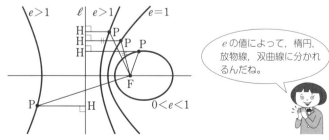

e の値によって，楕円，放物線，双曲線に分かれるんだね。

(i) $0<e<1$ のとき，F を焦点の1つとする楕円

(ii) $e=1$ のとき，F を焦点，ℓ を準線とする放物線

(iii)　$1<e$ のとき，F を焦点の1つとする双曲線

このとき，e の値を2次曲線の**離心率**，直線 ℓ を**準線**という。

解答▶ 点 P$(x,\ y)$ から直線 $x=1$ に垂線 PH を下ろすと，

$$PF : PH = 2 : 1 \quad すなわち，\quad PF = 2PH$$
$$PF^2 = 4PH^2$$

したがって，

$$(x-7)^2 + y^2 = 4|x-1|^2$$

整理すると，

$$3x^2 + 6x - y^2 = 45$$
$$3\{(x+1)^2-1\} - y^2 = 45$$
$$3(x+1)^2 - y^2 = 48$$

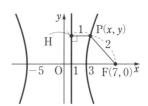

よって，求める点Pの軌跡は，

双曲線 $\dfrac{(x+1)^2}{16} - \dfrac{y^2}{48} = 1$

節末問題 | 第1節　2次曲線

☑ 1

教科書
p.108

次の条件を満たす曲線の方程式を求めよ。

(1)　焦点が点 $(3,\ 0)$，準線が直線 $x=-3$ の放物線

(2)　焦点が2点 $(1,\ 0)$，$(-1,\ 0)$，短軸の長さが2の楕円

(3)　焦点が2点 $(2,\ 0)$，$(-2,\ 0)$，漸近線が2直線 $y=x$，$y=-x$ の
双曲線

ガイド (1)　焦点が x 軸上にあるから，求める方程式は，$y^2 = 4px$ とおける。

(2)　焦点が x 軸上にあるから，求める方程式は，$\dfrac{x^2}{a^2} + \dfrac{y^2}{b^2} = 1$

$(a>b>0)$ とおける。短軸の長さが2であるから $2b=2$ である。

(3)　漸近線が直交しているから，直角双曲線である。

解答▶ (1)　$y^2 = 4 \cdot 3x$ より，放物線の方程式は，

$$y^2 = 12x$$

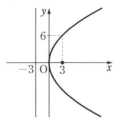

(2)　求める方程式は，$\dfrac{x^2}{a^2}+\dfrac{y^2}{b^2}=1\ (a>b>0)$ とおける。

短軸の長さが2より，

$2b=2$，すなわち，　$b=1$

また，$\sqrt{a^2-b^2}=1$ より，　$a=\sqrt{2}$

よって，楕円の方程式は，　$\dfrac{x^2}{2}+y^2=1$

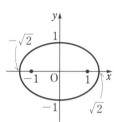

(3)　直角双曲線であるから，求める方程式は，

$\dfrac{x^2}{a^2}-\dfrac{y^2}{a^2}=1\ (a>0)$ とおける。

焦点が2点 $(2,\ 0)$，$(-2,\ 0)$ であるから，

$\sqrt{a^2+a^2}=2$ より，　$a=\sqrt{2}$

よって，双曲線の方程式は，

$\dfrac{x^2}{2}-\dfrac{y^2}{2}=1$

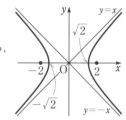

第3章 平面上の曲線

□ **2**
教科書
p.108
　直線 $x=-2$ に接し，点 A$(2,\ 0)$ を通る円の中心Cの軌跡を求めよ。

ガイド　点Aからの距離と直線 $x=-2$ からの距離が等しい点の軌跡である。

解答　円の中心Cは，点 A$(2,\ 0)$ からの距離と直線
$x=-2$ からの距離が等しい点であるから，そ
の軌跡は，焦点が点 A$(2,\ 0)$，準線が $x=-2$
の放物線である。

したがって，円の中心Cの軌跡は，$y^2=4\cdot2x$
より，　**放物線 $y^2=8x$**

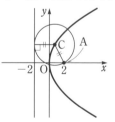

□ **3**
教科書
p.108
　k を定数とするとき，双曲線 $2x^2-y^2=1$ と直線 $y=kx+1$ の共有
点の個数を調べよ。

ガイド　$2x^2-y^2=1$ と $y=kx+1$ より，y を消去して，2次方程式を作り，
x^2 の係数が0の場合と0でない場合に分けて調べる。

解答　$\begin{cases} 2x^2-y^2=1 & \cdots\cdots① \\ y=kx+1 & \cdots\cdots② \end{cases}$

②を①に代入してyを消去すると，

$$2x^2-(kx+1)^2=1, \quad (2-k^2)x^2-2kx-2=0 \quad \cdots\cdots ③$$

(i)　$2-k^2=0$，すなわち，$k=\pm\sqrt{2}$ のとき

　$k=\sqrt{2}$ のとき，③は　$-2\sqrt{2}\,x-2=0$　　$x=-\dfrac{\sqrt{2}}{2}$

　$k=-\sqrt{2}$ のとき，③は　$2\sqrt{2}\,x-2=0$　　$x=\dfrac{\sqrt{2}}{2}$

　よって，$k=\pm\sqrt{2}$ のとき，①と②の共有点は1個

(ii)　$2-k^2\neq0$，すなわち，$k\neq\pm\sqrt{2}$ のとき

　方程式③は2次方程式になるから，双曲線①と直線②の共有点の個数は，方程式③の異なる実数解の個数に等しい。

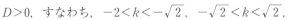

　③の判別式をDとすると，

$$\frac{D}{4}=(-k)^2-(2-k^2)\cdot(-2)$$
$$=-(k^2-4)=-(k+2)(k-2)$$

　よって，①と②の共有点の個数は，

　$D>0$，すなわち，$-2<k<-\sqrt{2}$，$-\sqrt{2}<k<\sqrt{2}$，

　　　　　　$\sqrt{2}<k<2$ のとき，　　　　　　　　　　2個

　$D=0$，すなわち，$k=\pm2$ のとき，　　　　　　　　1個

　$D<0$，すなわち，$k<-2,\ 2<k$ のとき，　　　　　0個

(i)，(ii)より，①と②の共有点の個数は，次のようになる。

　$-2<k<-\sqrt{2}$，$-\sqrt{2}<k<\sqrt{2}$，$\sqrt{2}<k<2$ **のとき，　2個**

　$k=\pm\sqrt{2}$，±2 **のとき，**　　　　　　　　　　　　**1個**

　$k<-2,\ 2<k$ **のとき，**　　　　　　　　　　　　　　　**0個**

4
教科書
p.108
放物線 $y^2=4x$ において，焦点Fと準線上の点Pを結ぶ線分FPの垂直二等分線は，この放物線に接することを示せ。

ガイド　点Pの座標を $(-1,\ y_1)$ とおき，$y_1\neq0$ と $y_1=0$ の場合に分けて示す。$y_1\neq0$ のとき，線分FPの垂直二等分線の方程式と放物線の方程式を連立させて得られる2次方程式が重解をもつことから示すことができる。

解答▶ 放物線 $y^2=4x$ の焦点Fの座標は $(1,\ 0)$，準線は直線 $x=-1$ であるから，点Pの座標は，$(-1,\ y_1)$ とおける。

(i) $y_1\neq0$ のとき

　　線分FPの傾きは，

$$\frac{0-y_1}{1-(-1)}=-\frac{y_1}{2}$$

　　線分FPの中点Mの座標は，

$$\left(\frac{1+(-1)}{2},\ \frac{0+y_1}{2}\right)=\left(0,\ \frac{y_1}{2}\right)$$

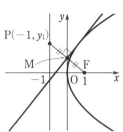

　　線分FPの垂直二等分線の傾きを a とすると，$-\dfrac{y_1}{2}a=-1$

より，$a=\dfrac{2}{y_1}$ であり，点Mを通るから，その方程式は，

$$y-\frac{y_1}{2}=\frac{2}{y_1}x\qquad\text{すなわち，}\qquad x=\frac{y_1}{2}y-\frac{y_1{}^2}{4}\quad\cdots\cdots①$$

①を放物線の方程式 $y^2=4x$ に代入して x を消去すると，

$$y^2=4\left(\frac{y_1}{2}y-\frac{y_1{}^2}{4}\right)\qquad y^2-2y_1y+y_1{}^2=0$$

$$(y-y_1)^2=0\quad\cdots\cdots②$$

　　よって，方程式②は，重解 $y=y_1$ をもつから，線分FPの垂直二等分線は，放物線 $y^2=4x$ に接する。

(ii) $y_1=0$ のとき

　　線分FPの垂直二等分線は，直線 $x=0$，すなわち y 軸となり，放物線 $y^2=4x$ に接する。

(i)，(ii)より，線分FPの垂直二等分線は，放物線 $y^2=4x$ に接する。

5

教科書 **p.108**

楕円 $4x^2+y^2=4$ と直線 $y=2x+1$ は，異なる2つの点で交わる。その交点を A，B とするとき，次の問いに答えよ。

(1) 線分ABの中点Mの座標を求めよ。

(2) 線分ABの長さを求めよ。

ガイド▶ 方程式 $4x^2+(2x+1)^2=4$ の異なる2つの解を α，β とおき，解と係数の関係を用いる。

解答▶
$$\begin{cases}4x^2+y^2=4 & \cdots\cdots①\\ y=2x+1 & \cdots\cdots②\end{cases}$$

②を①に代入して y を消去すると

$$4x^2+(2x+1)^2=4 \qquad 8x^2+4x-3=0 \quad \cdots\cdots ③$$

2点 A，B の x 座標を α，β とすると，

α，β は③の2つの解であるから，解と係数の関係より

$$\alpha+\beta=-\frac{4}{8}=-\frac{1}{2}, \quad \alpha\beta=-\frac{3}{8}$$

(1)　線分 AB の中点 M の座標を (x, y) と

すると，　$x=\dfrac{\alpha+\beta}{2}=-\dfrac{1}{4}$

点 M は直線 $y=2x+1$ 上にあるから，

$$y=2\left(-\frac{1}{4}\right)+1=\frac{1}{2}$$

よって，中点 M の座標は，　$\left(-\dfrac{1}{4}, \dfrac{1}{2}\right)$

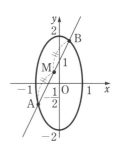

(2)　$A(\alpha, 2\alpha+1)$，$B(\beta, 2\beta+1)$ とすると，

$$AB^2=(\beta-\alpha)^2+\{(2\beta+1)-(2\alpha+1)\}^2=5(\beta-\alpha)^2$$

$$(\beta-\alpha)^2=(\alpha+\beta)^2-4\alpha\beta$$

$$=\left(-\frac{1}{2}\right)^2-4\left(-\frac{3}{8}\right)=\frac{1}{4}+\frac{6}{4}=\frac{7}{4}$$

よって，　$AB=\sqrt{5\times\dfrac{7}{4}}=\dfrac{\sqrt{35}}{2}$

☐ 6
教科書 **p.108**　点 F(5, 0) からの距離と直線 $x=2$ からの距離の比が $1:2$ であるような点 P(x, y) の軌跡を求めよ。

ガイド　点 P から直線 $x=2$ への距離を PH とすると，$e=\dfrac{PF}{PH}=\dfrac{1}{2}$ であるから，点 P の軌跡は楕円になる。

解答　点 P(x, y) から直線 $x=2$ に垂線 PH を下ろすと，

PF：PH＝1：2 より，　2PF＝PH　　4PF²＝PH²

$$4\{(x-5)^2+y^2\}=|x-2|^2$$

$$3x^2-36x+96+4y^2=0$$

$$3(x-6)^2+4y^2=12$$

よって，点 P の軌跡は，

楕円 $\dfrac{(x-6)^2}{4}+\dfrac{y^2}{3}=1$

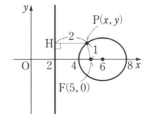

第2節 媒介変数と極座標

1 曲線の媒介変数表示

問 18 媒介変数 t によって，$x=\sqrt{t}+1$，$y=t-1$ で表される点 (x, y) は，どのような図形を描くか。

教科書 **p.113**

- -

ガイド 一般に，曲線 C 上の点 $\mathrm{P}(x, y)$ が，1つの変数，たとえば t によって，

$$x=f(t), \quad y=g(t)$$

の形に表されるとき，これを曲線 C の**媒介変数表示**またはパラメータ表示といい，t を**媒介変数**またはパラメータという。なお，媒介変数は実数の範囲で動くものとする。また，媒介変数による曲線 C の表示の仕方は，1通りとは限らない。

解答 $\begin{cases} x=\sqrt{t}+1 & \cdots\cdots① \\ y=t-1 & \cdots\cdots② \end{cases}$

①より，$\sqrt{t}=x-1$

$t\geqq0$，$x-1\geqq0$ であり，

$t=x^2-2x+1$

これを②に代入して，求める図形は，

放物線 $y=x^2-2x$ の $x\geqq1$ の部分

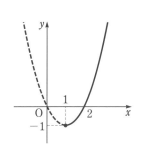

問 19 p を 0 でない定数とするとき，媒介変数 t によって，$x=pt^2$，$y=2pt$ で表される点 (x, y) は，どのような図形を描くか。

教科書 **p.113**

- -

ガイド $p\neq0$ であるから，t^2 を x と p，t を y と p を用いてそれぞれ表し，t を消去する。

解答 $p\neq0$ より，$\dfrac{x}{p}=t^2$，$\dfrac{y}{2p}=t$ であるから，

$$\frac{x}{p}=\left(\frac{y}{2p}\right)^2 \quad すなわち \quad y^2=4px$$

また，y はすべての実数値をとる。

よって，求める図形は，

放物線 $y^2=4px$

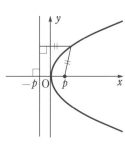

問 20 放物線 $y=x^2+tx-t$ の頂点は，実数 t の値が変化するとき，どのような曲線を描くか。

教科書 **p.113**

ガイド 頂点の座標を (X, Y) とおいて，X，Y を t を用いて表し，t を消去して，X，Y の関係式を導く。

解答 放物線の方程式を変形して，　$y=\left(x+\dfrac{t}{2}\right)^2-\dfrac{t^2}{4}-t$

よって，放物線の頂点の座標を (X, Y) とおくと，

$$X=-\frac{t}{2}, \quad Y=-\frac{t^2}{4}-t$$

この2式から t を消去すると，

$$Y=-X^2+2X$$

ここで，X はすべての実数値をとるので，
頂点は，　**放物線 $y=-x^2+2x$** を描く。

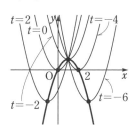

問 21 次の円の媒介変数表示を求めよ。

教科書 **p.114**

(1) $x^2+y^2=9$ 　　　　　(2) $(x-1)^2+y^2=3$

ガイド 円の媒介表数表示を考える。

原点 O を中心とする半径 a の円

$$x^2+y^2=a^2$$

上を点 $P(x, y)$ が動くとき，x 軸の正の部分を始線とする動径 OP の表す一般角を θ とすると，　$x=a\cos\theta$，$y=a\sin\theta$

となる。

これは，角 θ による**円の媒介変数表示**である。

なお，角 θ は弧度法で表すことにする。

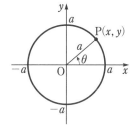

解答 (1) 原点 O が中心で，半径が3であるから，

$$x=3\cos\theta, \quad y=3\sin\theta$$

(2) 円 $x^2+y^2=3$ は原点 O が中心で，半径が $\sqrt{3}$ の円であるから，その媒介変数表示は，　$x=\sqrt{3}\cos\theta$，$y=\sqrt{3}\sin\theta$

円 $(x-1)^2+y^2=3$ は，円 $x^2+y^2=3$ を x 軸方向に1だけ平行移動したものであるから，

$$x=\sqrt{3}\cos\theta+1, \quad y=\sqrt{3}\sin\theta$$

問 22 次の楕円の媒介変数表示を求めよ。

教科書
p.114 (1) $\dfrac{x^2}{9}+\dfrac{y^2}{6}=1$　　　　　　(2) $\dfrac{x^2}{4}+\dfrac{(y-1)^2}{16}=1$

- -

ガイド 楕円 $\dfrac{x^2}{a^2}+\dfrac{y^2}{b^2}=1$ は，円 $x^2+y^2=a^2$ を，x 軸を基準にして y 軸方

向に $\dfrac{b}{a}$ 倍した曲線である。

よって，**楕円の媒介変数表示**は，

$$x=a\cos\theta,\ \ y=\dfrac{b}{a}\cdot a\sin\theta$$

すなわち，次のようになる。

$$\boldsymbol{x=a\cos\theta,\ \ y=b\sin\theta}$$

解答 (1) $\dfrac{x^2}{3^2}+\dfrac{y^2}{(\sqrt{6}\,)^2}=1$ であるから，

$$\boldsymbol{x=3\cos\theta,\ \ y=\sqrt{6}\,\sin\theta}$$

(2) 楕円 $\dfrac{x^2}{4}+\dfrac{y^2}{16}=1$ は $\dfrac{x^2}{2^2}+\dfrac{y^2}{4^2}=1$ であるから，その媒介変数

表示は，

$$x=2\cos\theta,\ \ y=4\sin\theta$$

楕円 $\dfrac{x^2}{4}+\dfrac{(y-1)^2}{16}=1$ は，楕円 $\dfrac{x^2}{4}+\dfrac{y^2}{16}=1$ を y 軸方向に 1

だけ平行移動したものであるから，

$$\boldsymbol{x=2\cos\theta,\ \ y=4\sin\theta+1}$$

問 23 次の双曲線の媒介変数表示を求めよ。

教科書
p.115 (1) $\dfrac{x^2}{3}-\dfrac{y^2}{25}=1$　　　　　　(2) $\dfrac{(x-2)^2}{36}-\dfrac{y^2}{7}=1$

- -

ガイド 一般に，**双曲線 $\dfrac{x^2}{a^2}-\dfrac{y^2}{b^2}=1$ の媒介変数表示**は，次のようになる。

$$\boldsymbol{x=\dfrac{a}{\cos\theta},\ \ y=b\tan\theta}$$

解答 (1) $\dfrac{x^2}{(\sqrt{3}\,)^2}-\dfrac{y^2}{5^2}=1$ であるから，　$\boldsymbol{x=\dfrac{\sqrt{3}}{\cos\theta},\ \ y=5\tan\theta}$

(2) 双曲線 $\dfrac{x^2}{36}-\dfrac{y^2}{7}=1$ は，$\dfrac{x^2}{6^2}-\dfrac{y^2}{(\sqrt{7}\,)^2}=1$ であるから，

その媒介変数表示は　$x=\dfrac{6}{\cos\theta}$,　$y=\sqrt{7}\tan\theta$

双曲線 $\dfrac{(x-2)^2}{36}-\dfrac{y^2}{7}=1$ は，双曲線 $\dfrac{x^2}{36}-\dfrac{y^2}{7}=1$ を x 軸方向に2だけ平行移動したものであるから，求める媒介変数表示は，

$$x=\dfrac{6}{\cos\theta}+2,\ y=\sqrt{7}\tan\theta$$

2 　極座標と極方程式

◢問 24 次の極座標で表される点の直交座標 $(x,\ y)$ を求めよ。

教科書 **p.117** (1) $\left(2,\ \dfrac{2}{3}\pi\right)$ 　　　　(2) $(1,\ \pi)$ 　　　　(3) $\left(3,\ \dfrac{7}{6}\pi\right)$

ガイド 平面上に，点Oと半直線 OX を定めると，Oと異なる平面上の点Pは，Oからの距離 r と，OX を始線とする動径 OP の表す一般角 θ によって定まる。このとき，点Oを**極**，半直線 OX を**始線**，θ を点Pの**偏角**といい，$(r,\ \theta)$ を点Pの**極座標**という。

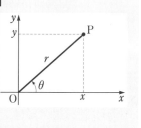

また，任意の θ について，点 $(0,\ \theta)$ は極Oを表す。

なお，偏角 θ は弧度法で表すものとする。

ここがポイント ☞ ［直交座標と極座標］

点Pの直交座標が $(x,\ y)$ のとき，原点Oを極，x 軸の正の部分を始線とする点Pの極座標を $(r,\ \theta)$ とすると，

$$x=r\cos\theta,\ y=r\sin\theta$$
$$r=\sqrt{x^2+y^2}$$

解答 与えられた極座標で表される点をPとする。

(1) 　　$x=2\cos\dfrac{2}{3}\pi=-1$

　　　　$y=2\sin\dfrac{2}{3}\pi=\sqrt{3}$

　　よって，点Pの直交座標は，　$(-1,\ \sqrt{3})$

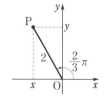

(2)　　　$x = 1 \cdot \cos \pi = -1$

　　　　$y = 1 \cdot \sin \pi = 0$

　　よって，点Pの直交座標は，　　$(-1,\ 0)$

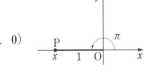

(3)　　　$x = 3 \cos \dfrac{7}{6}\pi = -\dfrac{3\sqrt{3}}{2}$

　　　　$y = 3 \sin \dfrac{7}{6}\pi = -\dfrac{3}{2}$

　　よって，点Pの直交座標は，

　　　$\left(-\dfrac{3\sqrt{3}}{2},\ -\dfrac{3}{2} \right)$

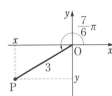

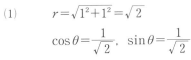

問 25　次の直交座標で表される点の極座標 $(r,\ \theta)$ を求めよ。ただし，

教科書 **p.117**　$0 \leqq \theta < 2\pi$ とする。

(1)　$(1,\ 1)$　　　　(2)　$(-\sqrt{3},\ 1)$　　　　(3)　$(-2,\ 0)$

- -

ガイド　$r = \sqrt{x^2 + y^2}$，$\cos\theta = \dfrac{x}{r}$，$\sin\theta = \dfrac{y}{r}$ より，r と θ の値を求める。

解答　与えられた直交座標で表される点をPとする。

(1)　　　$r = \sqrt{1^2 + 1^2} = \sqrt{2}$

　　　　$\cos\theta = \dfrac{1}{\sqrt{2}}$，$\sin\theta = \dfrac{1}{\sqrt{2}}$

　　$0 \leqq \theta < 2\pi$ とすると，　$\theta = \dfrac{\pi}{4}$

　　よって，点Pの極座標は，　$\left(\sqrt{2},\ \dfrac{\pi}{4} \right)$

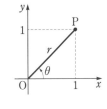

(2)　　　$r = \sqrt{(-\sqrt{3})^2 + 1^2} = 2$

　　　　$\cos\theta = -\dfrac{\sqrt{3}}{2}$，$\sin\theta = \dfrac{1}{2}$

　　$0 \leqq \theta < 2\pi$ とすると，　$\theta = \dfrac{5}{6}\pi$

　　よって，点Pの極座標は，　$\left(2,\ \dfrac{5}{6}\pi \right)$

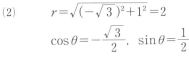

(3)　　　$r = \sqrt{(-2)^2 + 0^2} = 2$

　　　　$\cos\theta = -1$，$\sin\theta = 0$

　　$0 \leqq \theta < 2\pi$ とすると，　$\theta = \pi$

　　よって，点Pの極座標は，　$(2,\ \pi)$

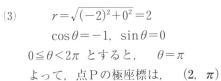

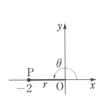

問 26 次の極方程式で表される直線や曲線を図示せよ。

教科書
p.118 (1) $r=4$ (2) $\theta=\dfrac{\pi}{6}$

- -

ガイド 平面上の曲線 C が，極座標 $(r,\ \theta)$ によって，

$$r=f(\theta) \qquad または \qquad F(r,\ \theta)=0 \qquad\cdots\cdots①$$

と表されるとき，①を曲線 C の **極方程式** という。

r が一定のときは円を，θ が一定のときは直線を表す。

解答 (1) $r=4$，θ は任意の値

　　　　極O を中心とする半径4の円で，

　　　　右の図のようになる。

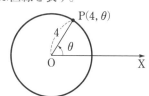

　　　 (2) r は任意の値，$\theta=\dfrac{\pi}{6}$

　　　　極O を通り，始線 OX との

　　　　なす角が $\dfrac{\pi}{6}$ の直線で，

　　　　右の図のようになる。

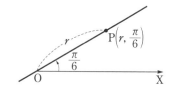

⚠注意 (2)で，$r\geqq0$ の場合のみを考えると，$\theta=\dfrac{\pi}{6}$ の半直線を表す。

- -

問 27 極方程式 $r=2\cos\theta$ において，θ が $\dfrac{2}{3}\pi$，$\dfrac{3}{4}\pi$，$\dfrac{5}{6}\pi$，π のときの

教科書
p.118 点 $(r,\ \theta)$ を図示せよ。

- -

ガイド 極方程式を考えるときには，θ の値によっては $r<0$ となることも

ある。そのような場合，$(r,\ \theta)$ は極座標が $(|r|,\ \theta+\pi)$ である点を表

すものと考える。

解答 $\theta=\dfrac{2}{3}\pi$ のとき，　$r=2\cos\dfrac{2}{3}\pi=-1$

　　　点 $\left(-1,\ \dfrac{2}{3}\pi\right)$ は，極座標が $\left(1,\ \dfrac{5}{3}\pi\right)$ である点を表す。

　　　$\theta=\dfrac{3}{4}\pi$ のとき，　$r=2\cos\dfrac{3}{4}\pi=-\sqrt{2}$

　　　点 $\left(-\sqrt{2},\ \dfrac{3}{4}\pi\right)$ は，極座標が $\left(\sqrt{2},\ \dfrac{7}{4}\pi\right)$ である点を表す。

$\theta = \dfrac{5}{6}\pi$ のとき，　$r = 2\cos\dfrac{5}{6}\pi = -\sqrt{3}$

点 $\left(-\sqrt{3}, \dfrac{5}{6}\pi\right)$ は，極座標が $\left(\sqrt{3}, \dfrac{11}{6}\pi\right)$ である点を表す。

$\theta = \pi$ のとき，

$\quad r = 2\cos\pi = -2$

点 $(-2, \pi)$ は，極座標が

$(2, 2\pi)$ すなわち，

$(2, 0)$ である点を表す。

それぞれの点を図示すると，

右の図のようになる。

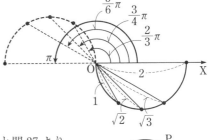

⚠️注意　教科書 p.118 の 15 行目以下と問 27 より，

極方程式 $r = 2\cos\theta$ は，右の図のように，中

心の極座標が $(1, 0)$，半径が 1 の円を表して

いる。また，$0 \leq \theta < \pi$，$\pi \leq \theta \leq 2\pi$ それぞれ

に対応する部分は，同じ円を表す。

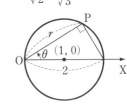

■問 28　次の極方程式で表される曲線を図示せよ。

教科書
p.119

(1)　$r = 2\sin\theta$　　　　　　　　(2)　$r = |2\cos\theta|$

- -

ガイド　前問などにならい，いくつかの具体的な θ の値について r の値を求
め，点 (r, θ) をとっていく。(2)は，$r \geq 0$ であるから，$r < 0$ のときの
極座標 $(|r|, \theta + \pi)$ を考えない。$0 \leq \theta \leq 2\pi$ の範囲で調べる。

解答　(1)　$r = 2\sin\theta$

θ	0	$\dfrac{\pi}{6}$	$\dfrac{\pi}{4}$	$\dfrac{\pi}{3}$	$\dfrac{\pi}{2}$
r	0	1	$\sqrt{2}$	$\sqrt{3}$	2

$\dfrac{2}{3}\pi$	$\dfrac{3}{4}\pi$	$\dfrac{5}{6}\pi$	π
$\sqrt{3}$	$\sqrt{2}$	1	0

中心の極座標が $\left(1, \dfrac{\pi}{2}\right)$，

半径が 1 の円を表し，求める

曲線は**右の図**。

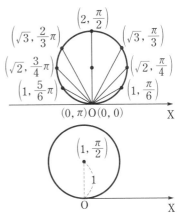

⑵　$r=|2\cos\theta|$

θ	0	$\dfrac{\pi}{6}$	$\dfrac{\pi}{4}$	$\dfrac{\pi}{3}$	$\dfrac{\pi}{2}$	$\dfrac{2}{3}\pi$	$\dfrac{3}{4}\pi$	$\dfrac{5}{6}\pi$	π
r	2	$\sqrt{3}$	$\sqrt{2}$	1	0	1	$\sqrt{2}$	$\sqrt{3}$	2

$\dfrac{7}{6}\pi$	$\dfrac{5}{4}\pi$	$\dfrac{4}{3}\pi$	$\dfrac{3}{2}\pi$	$\dfrac{5}{3}\pi$	$\dfrac{7}{4}\pi$	$\dfrac{11}{6}\pi$	2π
$\sqrt{3}$	$\sqrt{2}$	1	0	1	$\sqrt{2}$	$\sqrt{3}$	2

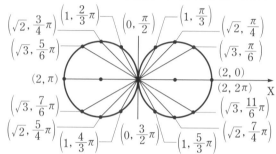

中心の極座標が $(1,\ 0)$，半
径が1の円と，中心の極座標
が $(1,\ \pi)$，半径が1の円を表
し，求める曲線は，2つの円
を合わせた**右の図**。

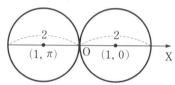

問 29　点Aの極座標が $\left(1,\ \dfrac{\pi}{4}\right)$ のとき，Aを通って線分OAに垂直な直線 ℓ
教科書
p.119 の極方程式を求めよ。

- -

ガイド　ℓ 上に任意の点Pをとると，AP⊥OA より，直角三角形OAPで，
　　　　OP$\cos\angle$AOP$=$OA

解答　ℓ 上の点Pを任意にとり，その極座標を
$(r,\ \theta)$ とすると，

$$\mathrm{OP}\cos\left(\theta-\frac{\pi}{4}\right)=\mathrm{OA}$$

よって，求める直線の極方程式は，

$$r\cos\left(\theta-\frac{\pi}{4}\right)=1$$

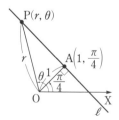

参考　2次曲線の極方程式

問 1
教科書
p.120
点Aの極座標を $(3,\ 0)$ とする。極Oを焦点，A を通り始線に垂直な直線を準線とし，離心率 e が次のような2次曲線の極方程式を求めよ。また，それらの曲線を直交座標の座標平面上に図示せよ。

(1)　$e=\dfrac{1}{2}$　　　　(2)　$e=1$　　　　(3)　$e=2$

- -

ガイド　一般に，極Oを焦点とし，準線 ℓ が極座標 $(a,\ 0)$ の点Aで始線と垂直に交わり，離心率が e である2次曲線の極方程式は，

$$r=\frac{ae}{1+e\cos\theta}$$

と表される。このことは，曲線上の点Pの
極座標を $(r,\ \theta)$ とすると，右の図で，
$\mathrm{OP}=e\mathrm{PH}$ より，$r=e(a-r\cos\theta)$
これを r について解いて確かめられる。

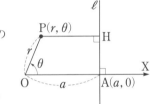

また，極方程式で表された図形は，
次の関係式を使って，直交座標における方程式に直して，どのような
図形になるかを調べる。

$$x=r\cos\theta,\ \ y=r\sin\theta,\ \ x^2+y^2=r^2$$

解答　2次曲線上の点を $\mathrm{P}(r,\ \theta)$，準線との距離を PH とすると，

$$\mathrm{OP}=r,\ \ \mathrm{PH}=\mathrm{OA}-r\cos\theta=3-r\cos\theta$$

(1)　$e=\dfrac{1}{2}$ のとき，$\mathrm{OP}=\dfrac{1}{2}\mathrm{PH}$ より，

$$2r=3-r\cos\theta\ \ \cdots\cdots①$$

よって，極方程式は，　　$r=\dfrac{3}{2+\cos\theta}$

また，①の両辺を2乗すると，

$$4r^2=(3-r\cos\theta)^2$$
$$4(x^2+y^2)=(3-x)^2$$
$$3x^2+6x+4y^2-9=0$$
$$3(x+1)^2+4y^2=12$$

よって，楕円 $\dfrac{(x+1)^2}{4}+\dfrac{y^2}{3}=1$ になる。

図示すると，**右の図**のようになる。

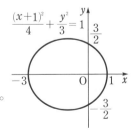

(2)　$e=1$ のとき，OP=PH より，

$\qquad r=3-r\cos\theta$ ……①

よって，極方程式は，$\qquad r=\dfrac{3}{1+\cos\theta}$

また，①の両辺を2乗すると，

$\qquad r^2=(3-r\cos\theta)^2$

$\qquad x^2+y^2=(3-x)^2$

$\qquad y^2=-6x+9$

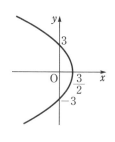

よって，放物線 $y^2=-6\left(x-\dfrac{3}{2}\right)$ になる。

図示すると，**右の図**のようになる。

(3)　$e=2$ のとき，OP=2PH より，

$\qquad r=2(3-r\cos\theta)$　……①

よって，極方程式は，$\qquad r=\dfrac{6}{1+2\cos\theta}$

また，①の両辺を2乗すると，

$\qquad r^2=4(3-r\cos\theta)^2$

$\qquad x^2+y^2=4(3-x)^2$

$\qquad 3x^2-24x-y^2+36=0$

$\qquad 3(x-4)^2-y^2=12$

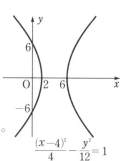

よって，双曲線 $\dfrac{(x-4)^2}{4}-\dfrac{y^2}{12}=1$ になる。

図示すると，**右の図**のようになる。

$$\dfrac{(x-4)^2}{4}-\dfrac{y^2}{12}=1$$

節末問題 | 第2節　媒介変数と極座標

▢ **1**

教科書 **p.123**

媒介変数 t によって，次の式で表される点 P(x, y) は，どのような曲線を描くか。また，それを図示せよ。

(1)　$x=\sqrt{t}$, $y=\sqrt{1-t}$　　　　　　(2)　$x=\sin t$, $y=\cos 2t$

ガイド　x, y の値の範囲に注意する。

解答　(1)　$x=\sqrt{t}$ より，　$t=x^2$

$\qquad y=\sqrt{1-t}$ より，$y^2=1-t$

これより，t を消去して整理すると，

$$x^2+y^2=1$$

ここで，$\sqrt{t}\geqq 0$，$\sqrt{1-t}\geqq 0$ より，

$$x\geqq 0，\quad y\geqq 0$$

よって，点 $\mathrm{P}(x,\ y)$ は，**円** $\boldsymbol{x^2+y^2=1}$

$\boldsymbol{(x\geqq 0，\ y\geqq 0)}$ を描く。

また，図示すると，右の図のようになる。

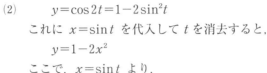

(2) 　　$y=\cos 2t=1-2\sin^2 t$

これに $x=\sin t$ を代入して t を消去すると，

$$y=1-2x^2$$

ここで，$x=\sin t$ より，

$$-1\leqq x\leqq 1$$

よって，点 $\mathrm{P}(x,\ y)$ は，**放物線**

$\boldsymbol{y=1-2x^2}$ $\boldsymbol{(-1\leqq x\leqq 1)}$ を描く。

また，図示すると，右の図のようになる。

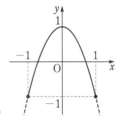

□ **2**

教科書 **p.123**

媒介変数 θ によって，

$$x=2\cos\theta-1,\quad y=3\sin\theta+2$$

で表される点 $\mathrm{P}(x,\ y)$ は，どのような曲線を描くか。

ガイド 　等式 $\sin^2\theta+\cos^2\theta=1$ を利用する。

解答 　$x=2\cos\theta-1$ より，　$\cos\theta=\dfrac{x+1}{2}$

$y=3\sin\theta+2$ より，　$\sin\theta=\dfrac{y-2}{3}$

これらを $\sin^2\theta+\cos^2\theta=1$ に代入すると，

$$\frac{(x+1)^2}{4}+\frac{(y-2)^2}{9}=1$$

よって，点 $\mathrm{P}(x,\ y)$ は，**楕円**

$\dfrac{\boldsymbol{(x+1)^2}}{\boldsymbol{4}}+\dfrac{\boldsymbol{(y-2)^2}}{\boldsymbol{9}}=\boldsymbol{1}$ を描く。

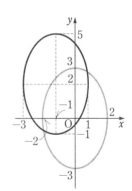

☑ **3**
教科書
p.123

楕円 $\dfrac{x^2}{4}+y^2=1$ に内接し，辺が座標軸に平行な長方形のうちで，面積が最大となる長方形の2辺の長さと面積を求めよ。

ガイド 楕円の媒介変数表示を用いて，第1象限にある長方形の頂点の座標を表す。媒介変数 θ の値の範囲に注意する。

解答▶ 第1象限にある長方形の頂点をPとする。

点Pは楕円上にあるから，媒介変数表示を用いると，

$$P(2\cos\theta,\ \sin\theta)\ \left(0<\theta<\dfrac{\pi}{2}\right)$$

と表せる。

したがって，長方形の面積を S とすると，

$$S=(2\times2\cos\theta)\times(2\times\sin\theta)$$
$$=8\sin\theta\cos\theta=4\sin2\theta$$

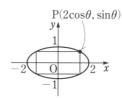

ここで，$0<\theta<\dfrac{\pi}{2}$ より，$0<2\theta<\pi$ であるから，

$$0<\sin2\theta\leqq1$$
$$0<4\sin2\theta\leqq4$$

よって，長方形の面積は，$\theta=\dfrac{\pi}{4}$ のとき，最大値4となる。

このとき，2辺の長さは，

$$2\times2\cos\dfrac{\pi}{4}=2\sqrt{2},\ 2\times\sin\dfrac{\pi}{4}=\sqrt{2}$$

以上より，**2辺の長さが $\sqrt{2}$，$2\sqrt{2}$ のとき，面積の最大値は4** である。

☑ **4**
教科書
p.123

原点Oを極とする極座標において，2点 A，B の極座標をそれぞれ $\left(2,\ \dfrac{\pi}{12}\right)$，$\left(3,\ \dfrac{5}{12}\pi\right)$ とするとき，次の問いに答えよ。

(1) 2点 A，B 間の距離 AB を求めよ。

(2) △OAB の面積を求めよ。

ガイド まず，△OAB の図をかいてみる。余弦定理，正弦と三角形の面積の公式を利用する。

解答 (1) △OAB に余弦定理を用いると，

$$AB^2 = 2^2 + 3^2 - 2\cdot2\cdot3\cos\left(\frac{5}{12}\pi - \frac{\pi}{12}\right)$$

$$= 13 - 12 \times \frac{1}{2} = 7$$

よって，AB>0 より，　AB=$\sqrt{7}$

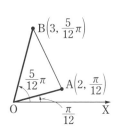

(2) △OAB=$\frac{1}{2}\cdot2\cdot3\sin\left(\frac{5}{12}\pi - \frac{\pi}{12}\right)$

$$= \frac{3\sqrt{3}}{2}$$

---

5 次の図形を表す極方程式を求めよ。

教科書 **p.123**

(1) 中心の極座標が $\left(3, \dfrac{\pi}{6}\right)$ で，半径が 3 の円

(2) 極座標が $(4, 0)$ である点 A を通り，始線となす角が $\dfrac{\pi}{3}$ である直線

ガイド 図形上の点を P(r, θ) として，r と θ の関係式を導く。

余弦定理や正弦定理を利用する。

解答 (1) 円の中心を A，円周上の任意の点を P(r, θ) とすると，

$$OA = AP = 3, \quad \angle POA = \theta - \frac{\pi}{6}$$

△OAP に余弦定理を用いると，

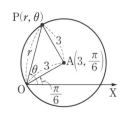

$$3^2 = r^2 + 3^2 - 2\cdot r\cdot3\cos\left(\theta - \frac{\pi}{6}\right)$$

$$r^2 - 6r\cos\left(\theta - \frac{\pi}{6}\right) = 0$$

$$r\left\{r - 6\cos\left(\theta - \frac{\pi}{6}\right)\right\} = 0$$

したがって，　$r=0$，$r=6\cos\left(\theta - \dfrac{\pi}{6}\right)$

ここで，$r=6\cos\left(\theta - \dfrac{\pi}{6}\right)$ は，$r=0$ のとき $\theta = \dfrac{2}{3}\pi$ として成り立つから，$r=0$ を含んでいる。

よって，求める極方程式は，　$r=6\cos\left(\theta - \dfrac{\pi}{6}\right)$

(2) 直線上の任意の点を P(r, θ) とすると，

$$\angle \text{OPA} = \frac{\pi}{3} - \theta, \quad \angle \text{OAP} = \frac{2}{3}\pi$$

△OAP に正弦定理を用いると，

$$\frac{r}{\sin\frac{2}{3}\pi} = \frac{4}{\sin\left(\frac{\pi}{3} - \theta\right)}$$

$$r\sin\left(\frac{\pi}{3} - \theta\right) = 4 \cdot \frac{\sqrt{3}}{2}$$

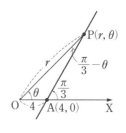

よって，求める極方程式は，　$r\sin\left(\dfrac{\pi}{3} - \theta\right) = 2\sqrt{3}$

⚠**注意** (1) 円の中心Aから弦 OP に下ろした垂線を AH とすると，

$$\text{OH} = \frac{1}{2}\text{OP}, \quad \text{また，} \triangle \text{OAH において，} \quad \text{OH} = \text{OA}\cos\left(\theta - \frac{\pi}{6}\right)$$

であるから，$\dfrac{1}{2}r = 3\cos\left(\theta - \dfrac{\pi}{6}\right)$　よって，$r = 6\cos\left(\theta - \dfrac{\pi}{6}\right)$

☐ **6**

教科書 **p.123**

次の極方程式で表される曲線を直交座標についての方程式で表し，それがどのような曲線であるか調べよ。

(1)　$r = 4(\sin\theta + \cos\theta)$　　　　(2)　$r\cos\left(\theta - \dfrac{\pi}{4}\right) = \sqrt{2}$

(3)　$2r\sin\left(\theta + \dfrac{\pi}{6}\right) = 1$　　　　(4)　$r(1 - 2\cos\theta) = 3$

ガイド 任意の点の直交座標を (x, y)，極座標を (r, θ) とするとき，関係式
$$x = r\cos\theta, \quad y = r\sin\theta, \quad x^2 + y^2 = r^2$$
を用いて，極方程式で表された曲線を直交座標の方程式で表すことができる。上の関係式を用いることができるように，式を変形する。(2)，(3)では，加法定理を利用する。

解答 (1) $r = 4(\sin\theta + \cos\theta)$ の両辺に r を掛けると，

$$r^2 = 4r\sin\theta + 4r\cos\theta$$

$$r^2 = x^2 + y^2, \quad r\cos\theta = x, \quad r\sin\theta = y$$

であるから，

$$x^2 + y^2 = 4y + 4x$$

$$(x - 2)^2 + (y - 2)^2 = 8$$

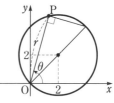

よって，**円 $(x - 2)^2 + (y - 2)^2 = 8$** を表す。

(2) $r\cos\left(\theta-\dfrac{\pi}{4}\right)=\sqrt{2}$ より,

$\quad r\left(\cos\theta\cos\dfrac{\pi}{4}+\sin\theta\sin\dfrac{\pi}{4}\right)=\sqrt{2}$

$\quad r\cos\theta+r\sin\theta=2$

$r\cos\theta=x,\ r\sin\theta=y$ であるから,

$\quad x+y=2$

よって, **直線 $x+y=2$** を表す。

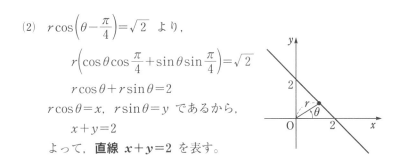

(3) $2r\sin\left(\theta+\dfrac{\pi}{6}\right)=1$ より,

$\quad 2r\left(\sin\theta\cos\dfrac{\pi}{6}+\cos\theta\sin\dfrac{\pi}{6}\right)=1$

$\quad \sqrt{3}\,r\sin\theta+r\cos\theta=1$

$r\cos\theta=x,\ r\sin\theta=y$ であるから,

$\quad x+\sqrt{3}\,y=1$

よって, **直線 $x+\sqrt{3}\,y=1$** を表す。

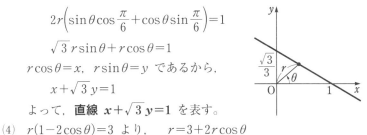

(4) $r(1-2\cos\theta)=3$ より, $\quad r=3+2r\cos\theta$

両辺を2乗すると,

$\quad r^2=(3+2r\cos\theta)^2$

$r^2=x^2+y^2,\ r\cos\theta=x$ であるから,

$\quad x^2+y^2=(3+2x)^2$

$\quad 3x^2+12x-y^2+9=0$

$\quad 3(x+2)^2-y^2=3$

よって, **双曲線 $(x+2)^2-\dfrac{y^2}{3}=1$** を表す。

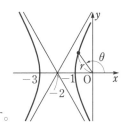

章末問題

— A —

教科書 p.124

□ **1** 次の方程式は，放物線，楕円，双曲線のうちのどれを表すか。また，その焦点を求めよ。双曲線については漸近線も求めよ。

(1) $x^2+3y^2+4x+6y+1=0$

(2) $4x^2-16x-y^2=0$

(3) $8x-y^2-2y-17=0$

ガイド 与えられた方程式を，x，yについてそれぞれ平方完成する。

焦点や漸近線は，求めた曲線の方程式が，それぞれ標準形の曲線をどのように平行移動したものを表すかをもとにして求める。

解答 (1) $x^2+3y^2+4x+6y+1=0$ を変形すると，

$$(x^2+4x)+3(y^2+2y)+1=0$$

$$(x+2)^2+3(y+1)^2=6$$

よって，この方程式は，**楕円** $\dfrac{(x+2)^2}{6}+\dfrac{(y+1)^2}{2}=1$ ……①

を表す。

楕円①は，楕円 $\dfrac{x^2}{6}+\dfrac{y^2}{2}=1$ を x 軸

方向に -2，y 軸方向に -1 だけ平行

移動したものであり，楕円

$\dfrac{x^2}{6}+\dfrac{y^2}{2}=1$ の焦点は，2 点 $(2,\ 0)$，

$(-2,\ 0)$ であるから，楕円①の**焦点は**，

2 点 $(0,\ -1)$，$(-4,\ -1)$ である。

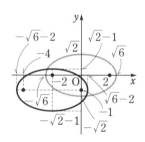

(2) $4x^2-16x-y^2=0$ を変形すると，

$$4(x^2-4x)-y^2=0$$

$$4(x-2)^2-y^2=16$$

よって，この方程式は，**双曲線**

$$\dfrac{(x-2)^2}{4}-\dfrac{y^2}{16}=1 \quad ……②$$

を表す。

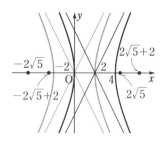

双曲線②は，双曲線 $\dfrac{x^2}{4}-\dfrac{y^2}{16}=1$ を x 軸方向に 2 だけ平行移動

したものであり，双曲線 $\dfrac{x^2}{4}-\dfrac{y^2}{16}=1$ の焦点は，2 点

$(2\sqrt{5},\ 0)$，$(-2\sqrt{5},\ 0)$ であるから，双曲線②の**焦点は，2 点**
$(\boldsymbol{2\sqrt{5}+2,\ 0})$，$(\boldsymbol{-2\sqrt{5}+2,\ 0})$ である。

　また，双曲線 $\dfrac{x^2}{4}-\dfrac{y^2}{16}=1$ の漸近線は，2 直線 $y=2x$，$y=-2x$

であるから，双曲線②の**漸近線は**，2 直線 $y=2(x-2)$，
$y=-2(x-2)$，すなわち，**2 直線 $\boldsymbol{y=2x-4}$，$\boldsymbol{y=-2x+4}$** である。

(3)　$8x-y^2-2y-17=0$ を変形すると，
$$y^2+2y=8x-17$$
$$(y+1)^2=8x-16$$
　よって，この方程式は，**放物線**
$$(\boldsymbol{y+1})^2=\boldsymbol{8(x-2)}　\cdots\cdots ③$$
を表す。

　放物線③は，放物線 $y^2=8x$ を x 軸方
向に 2，y 軸方向に -1 だけ平行移動したものであり，放物線
$y^2=8x$ の焦点は，点 $(2,\ 0)$ であるから，放物線③の**焦点は，点**
$(\boldsymbol{4,\ -1})$ である。

2
教科書
p.124
円 $x^2+(y-4)^2=4$ と外接し，x 軸と接する円の中心 P の軌跡を求めよ。

ガイド　図をかいて考える。点 P の軌跡は，円 $x^2+(y-4)^2=4$ の中心
$(0,\ 4)$ を焦点，直線 $y=-2$ を準線とする放物線になる。

解答　点 P を中心とする円の半径を r とし，
円 $x^2+(y-4)^2=4$ の中心を C，点 P から直
線 $y=-2$ に下ろした垂線を PH とすると，
$$PC=r+2,\ \ PH=r-(-2)=r+2$$
　したがって，PC=PH より，点 P の軌跡
は，C$(0,\ 4)$ を焦点，直線 $y=-2$ を準線と
する放物線になる。

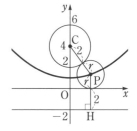

　この放物線の頂点は $(0,\ 1)$ である。この放物線を y 軸方向に -1

だけ平行移動した放物線は，焦点が点 $(0, 3)$，準線が直線 $y=-3$ の放物線であり，その方程式は，$x^2=4\cdot3y=12y$ で表される。

これを y 軸方向に 1 だけ平行移動して，求める点Pの軌跡は，

放物線 $x^2=12(y-1)$

☐ 3 教科書 **p.124**

媒介変数 t によって，

$$x=2\left(t+\frac{1}{t}\right), \ y=t-\frac{1}{t} \quad (t>0)$$

で表される点 $P(x, y)$ は，どのような曲線を描くか。

ガイド $t>0$ より，相加平均と相乗平均の関係を使って x の値の範囲を求める。

解答 $x=2\left(t+\frac{1}{t}\right)$ より， $x^2=4\left(t^2+\frac{1}{t^2}+2\right)$ ……①

$y=t-\frac{1}{t}$ より， $y^2=t^2+\frac{1}{t^2}-2$

すなわち， $t^2+\frac{1}{t^2}=y^2+2$ ……②

②を①に代入すると， $x^2=4(y^2+4)$

したがって， $x^2-4y^2=16$

ここで，$t>0$ より，相加平均と相乗平均の関係より，

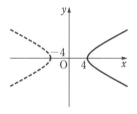

$$x=2\left(t+\frac{1}{t}\right)\geqq2\cdot2\sqrt{t\cdot\frac{1}{t}}=4$$

よって，点Pは，**双曲線 $\dfrac{x^2}{16}-\dfrac{y^2}{4}=1$ $(x\geqq4)$** を描く。

☐ 4 教科書 **p.124**

2つの円

$C_1 : x^2+y^2=1, \ C_2 : x^2+y^2=9$

と原点からの半直線の交点を，それぞれ P，Q とする。点Pを通り y 軸に平行な直線と，点Qを通り x 軸に平行な直線との交点Rの軌跡を求めよ。

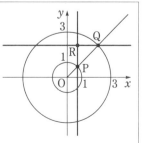

ガイド　2つの円をそれぞれ媒介変数表示して，点P，Q，およびRの座標を考える。交点Rの座標を (x, y) として，x，y の関係式を導く。

解答　半直線OPと x 軸の正の向きとのなす角を θ とすると，点P，Qは円周上にあるから，媒介変数表示を用いて，

$$P(\cos\theta, \sin\theta), \quad Q(3\cos\theta, 3\sin\theta)$$

と表せる。よって，交点Rの座標は，媒介変数表示を用いると，

$$R(\cos\theta, 3\sin\theta)$$

と表せる。したがって，交点Rの座標を (x, y) とすると，

$$x = \cos\theta, \quad y = 3\sin\theta$$

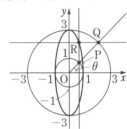

これより，　$\cos\theta = x, \quad \sin\theta = \dfrac{y}{3}$

これらを $\sin^2\theta + \cos^2\theta = 1$ に代入すると，

$$x^2 + \frac{y^2}{9} = 1$$

よって，交点Rの軌跡は，　**楕円 $x^2 + \dfrac{y^2}{9} = 1$**

☑ 5

教科書 **p.124**

楕円 $\dfrac{x^2}{3} + \dfrac{y^2}{4} = 1$ 上の点Pと直線 $2x + y = 5$ との距離の最小値を求めよ。

ガイド　楕円の媒介変数表示を用いて点Pの座標を表し，点と直線の距離の公式を利用する。

解答　点Pの座標を (x, y) とする。

点Pは楕円上にあるから，媒介変数表示を用いると，

$$x = \sqrt{3}\cos\theta, \quad y = 2\sin\theta$$

点Pと直線 $2x + y = 5$ との距離を d とすると，点と直線の距離の公式により，

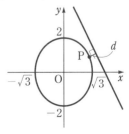

$$d = \frac{|2 \cdot \sqrt{3}\cos\theta + 2\sin\theta - 5|}{\sqrt{2^2 + 1^2}}$$

$$= \frac{1}{\sqrt{5}}\left|4\sin\left(\theta + \frac{\pi}{3}\right) - 5\right|$$

$-1 \leq \sin\left(\theta + \dfrac{\pi}{3}\right) \leq 1$ より，距離 d の最小値は，　$\dfrac{\sqrt{5}}{5}$

☑ **6**
教科書
p.124
　中心の極座標が $(a, 0)$ で，半径が a の円周上の任意の点 Q における接線に，極 O から下ろした垂線を OP とするとき，点 P の軌跡の極方程式は，

$$r=a(1+\cos\theta)$$

であることを示せ。

ガイド　点 P の極座標を (r, θ) とし，図をかいて，r と θ が満たす関係をさがす。$-\dfrac{\pi}{2}\leqq\theta\leqq\dfrac{\pi}{2}$，$\dfrac{\pi}{2}<\theta<\dfrac{3}{2}\pi$ の2つの場合に分けて考える。

解答　円の中心を A$(a, 0)$ とする。点 A から直線 OP に垂線 AH を下ろすと，四角形 AQPH は長方形であるから，　　HP＝AQ＝a

点 P の極座標を (r, θ) とする。

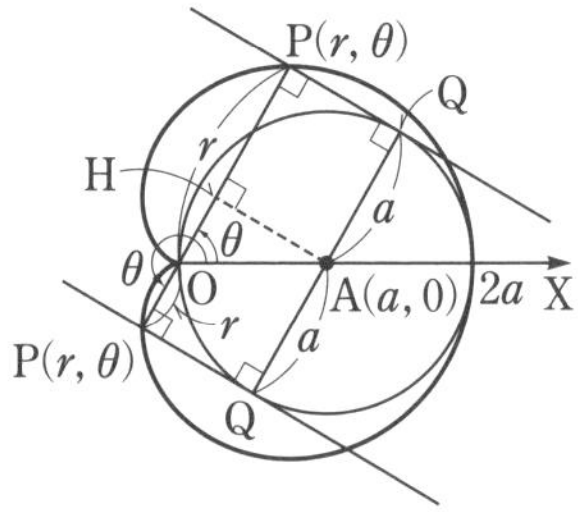

$-\dfrac{\pi}{2}\leqq\theta\leqq\dfrac{\pi}{2}$ のとき，

　r＝OP＝OH＋HP

　　＝$a\cos\theta+a=a(1+\cos\theta)$

$\dfrac{\pi}{2}<\theta<\dfrac{3}{2}\pi$ のとき，

　r＝OP＝HP－OH

　　＝$a-a\cos(\theta-\pi)=a-(-a\cos\theta)=a(1+\cos\theta)$

よって，点 P の軌跡の極方程式は，　　$r=a(1+\cos\theta)$

⚠注意　この点 P の軌跡は，カージオイドである。

─────── **B** ───────

☑ **7**
教科書
p.125
次の条件を満たす2次曲線の方程式を求めよ。

(1)　焦点が点 $(4, -1)$，準線が直線 $x=0$ の放物線

(2)　焦点が2点 $(\sqrt{6}, 1)$，$(-\sqrt{6}, 1)$，長軸の長さが6の楕円

(3)　漸近線が2直線 $y=2x-3$，$y=-2x+1$ で，点 $(1+\sqrt{6}, 3)$ を通る双曲線

ガイド　与えられた条件から標準形の曲線をどのように平行移動した曲線かを考える。まず，標準形の方程式を求める。

解答▶ (1) 焦点が点 $(4, -1)$, 準線が直線 $x=0$
であるから, この放物線の軸は x 軸に平
行で, 頂点の座標は $(2, -1)$ である。

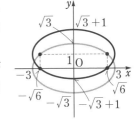

したがって, この放物線は, 頂点が点
$(0, 0)$ で, 焦点が点 $(2, 0)$, 準線が直線
$x=-2$ の放物線　……①
を, x 軸方向に 2, y 軸方向に -1 だけ平
行移動したものである。

放物線①の方程式は, $y^2=4 \cdot 2x$　すなわち, $y^2=8x$
よって, 求める方程式は,　$(y+1)^2=8(x-2)$

(2) 焦点が 2 点 $(\sqrt{6}, 1)$, $(-\sqrt{6}, 1)$ であ
るから, この楕円の中心の座標は $(0, 1)$
である。

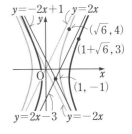

したがって, この楕円は, 中心の座標が
$(0, 0)$, 焦点が 2 点 $(\sqrt{6}, 0)$, $(-\sqrt{6}, 0)$
で, 長軸の長さが 6 の楕円　……①
を, y 軸方向に 1 だけ平行移動したものである。

楕円①の方程式は, $\dfrac{x^2}{a^2}+\dfrac{y^2}{b^2}=1$ $(a>b>0)$ とおけて,

$\sqrt{a^2-b^2}=\sqrt{6}$, $2a=6$ より, $a=3$, $b=\sqrt{3}$

したがって, $\dfrac{x^2}{9}+\dfrac{y^2}{3}=1$

よって, 求める方程式は,　$\dfrac{x^2}{9}+\dfrac{(y-1)^2}{3}=1$

(3) 漸近線 $y=2x-3$, $y=-2x+1$ の交
点の座標は $(1, -1)$ である。

したがって, この双曲線は, 漸近線が
原点で交わる 2 直線 $y=2x$, $y=-2x$
である双曲線　……①
を, x 軸方向に 1, y 軸方向に -1 だけ平
行移動したものである。

また, 点 $(1+\sqrt{6}, 3)$ は, 双曲線①では, 点 $(\sqrt{6}, 4)$ に対応し,
この点は $-2x<y<2x$ の範囲にある。

これより, 双曲線①の方程式は, $\dfrac{x^2}{a^2}-\dfrac{y^2}{b^2}=1$ $(a>0, b>0)$ と

第3章 平面上の曲線

おけて，漸近線の傾きと，点 $(\sqrt{6}, 4)$ を通ることから，

$$\frac{b}{a} = 2, \quad \frac{6}{a^2} - \frac{16}{b^2} = 1 \quad \text{より，} \quad a^2 = 2, \quad b^2 = 8$$

したがって， $\dfrac{x^2}{2} - \dfrac{y^2}{8} = 1$

よって，求める方程式は， $\dfrac{(x-1)^2}{2} - \dfrac{(y+1)^2}{8} = 1$

8

教科書 **p.125**

右の図のように，半径1の円Cと半径2の円C'がともに $x \geqq 0$, $y \geqq 0$ の範囲にあり，この2つの円は外接している。
円Cがx軸に，円C'がy軸に接しながら動くとき，この2つの円の接点Pの軌跡を求めよ。

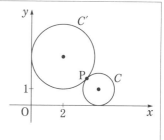

ガイド 点Pの座標を (x, y)，円Cの中心を A$(s, 1)$，円C'の中心を B$(2, t)$ とおき，x, y, s, t の関係式を導く。$s \geqq 1$, $t \geqq 2$ であることに注意する。

解答 円Cの中心を A$(s, 1)$ $(s \geqq 1)$，円C'の中心を B$(2, t)$ $(t \geqq 2)$ とする。

接点Pは線分 AB を $1:2$ に内分するから，P の座標を (x, y) とすると，

$$x = \frac{2s+2}{3}, \quad y = \frac{2+t}{3}$$

すなわち， $s = \dfrac{3x-2}{2}$, $t = 3y - 2$

AB$= 3$ より，AB$^2 = 9$ であるから

$$(2-s)^2 + (t-1)^2 = 9$$

したがって，

$$\left(2 - \frac{3x-2}{2}\right)^2 + (3y-2-1)^2 = 9$$

$$\frac{(x-2)^2}{4} + (y-1)^2 = 1$$

ここで，$s \geqq 1$, $t \geqq 2$ より，

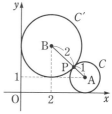

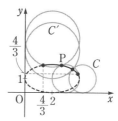

$$x=\frac{2s+2}{3}\geqq\frac{4}{3},\ y=\frac{2+t}{3}\geqq\frac{4}{3}$$

よって，接点Pの軌跡は，

楕円 $\dfrac{(x-2)^2}{4}+(y-1)^2=1$ $\left(x\geqq\dfrac{4}{3},\ y\geqq\dfrac{4}{3}\right)$

9
教科書
p.125

2つの円 $(x+4)^2+y^2=16$, $(x-4)^2+y^2=4$ に外接する円の中心Pの軌跡を求めよ。

ガイド 2つの円の中心をそれぞれ，A，Bとすると，$|PA-PB|=2$ である。

解答 円 $(x+4)^2+y^2=16$ の中心をA$(-4,\ 0)$，円 $(x-4)^2+y^2=4$ の中心をB$(4,\ 0)$ とする。

点Pを中心とする円の半径を r とすると，この円は点Aを中心とする円と点Bを中心とする円に外接するから，

$$|PA-PB|=|(r+4)-(r+2)|=2$$

すなわち，点Pは，2定点A，Bからの距離の差が2である点であるから，その軌跡は双曲線である。

この双曲線の方程式は，焦点A，Bが x 軸上にあるから，

$\dfrac{x^2}{a^2}-\dfrac{y^2}{b^2}=1$ $(a>0,\ b>0)$ とおける。

焦点からの距離の差が2より，

　$2a=2$，すなわち，　$a=1$

また，焦点の x 座標について，

　$\sqrt{a^2+b^2}=4$ より，　$b^2=15$

よって，双曲線の方程式は，

$$x^2-\frac{y^2}{15}=1$$

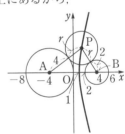

ここで，PA＞PB より，点Pは，線分 AB の垂直二等分線によって分けられた2つの部分のうち点Bと同じ側にあり，その領域にある双曲線の頂点は点 $(1,\ 0)$ であるから，$x\geqq1$ である。

以上より，中心Pの軌跡は，　　**双曲線** $x^2-\dfrac{y^2}{15}=1$ $(x\geqq1)$

10

教科書
p.125

直線 $y=2x+k$ が曲線 $\dfrac{x^2}{4}-y^2=1$ $(x>0)$ と異なる2つの点 A, B で交わるような，定数 k の値の範囲を求めよ。また，このとき，線分 AB の中点Pの軌跡を求めよ。

ガイド 直線と曲線の方程式から y を消去して得られる x についての2次方程式が，異なる2つの正の解をもつ条件を考える。

解答 $y=2x+k$ を $\dfrac{x^2}{4}-y^2=1$ に代入すると，

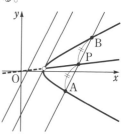

$$\dfrac{x^2}{4}-(2x+k)^2=1$$

$$15x^2+16kx+4(k^2+1)=0 \quad \cdots\cdots ①$$

点 A, B の x 座標をそれぞれ α, β とすると，曲線は $x>0$ の範囲にあるから，2次方程式①が異なる2つの正の解 α, β をもてばよい。①の判別式を D とすると，

$$\begin{cases} D>0 \\ \alpha+\beta>0 \\ \alpha\beta>0 \end{cases}$$

したがって，　$\dfrac{D}{4}=(8k)^2-15\cdot4(k^2+1)>0$

これより，　$(k+\sqrt{15})(k-\sqrt{15})>0$

$$k<-\sqrt{15}, \ \sqrt{15}<k \quad \cdots\cdots ②$$

また，解と係数の関係から

$$\alpha+\beta=-\dfrac{16}{15}k>0 \quad これより，\ k<0 \quad \cdots\cdots ③$$

$$\alpha\beta=\dfrac{4}{15}(k^2+1)>0 \quad これは，つねに成り立つ。$$

よって，②，③より，　$k<-\sqrt{15}$

次に，線分 AB の中点Pの座標を (x, y) とすると，

$$x=\dfrac{\alpha+\beta}{2}=-\dfrac{8}{15}k \quad \cdots\cdots ④$$

また，点Pは直線 $y=2x+k$ 上にあるから，

$$y=2\cdot\left(-\dfrac{8}{15}k\right)+k=-\dfrac{1}{15}k \quad \cdots\cdots ⑤$$

④, ⑤より k を消去すると, 　$y=\dfrac{1}{8}x$

ただし $k<-\sqrt{15}$ であるから, ④より, 　$x>\dfrac{8\sqrt{15}}{15}$

以上より, 求める定数 k の値の範囲は, 　**$k<-\sqrt{15}$**

線分 AB の中点 P の軌跡は, **直線 $y=\dfrac{1}{8}x$** $\left(x>\dfrac{8\sqrt{15}}{15}\right)$

11
教科書
p.125

t が実数全体を動くとき, 点 $\mathrm{P}\left(\dfrac{1-t^2}{1+t^2}, \dfrac{2t}{1+t^2}\right)$ の軌跡を求めよ。

ガイド $\mathrm{P}(x, y)$ とすると, x, y はそれぞれ t の式で表される。まず, x の式を t^2 について解き, これを y の式に代入して t^2 を消去する。

解答 点 P の座標を (x, y) とすると,

$$x=\dfrac{1-t^2}{1+t^2} \quad \cdots\cdots①$$

$$y=\dfrac{2t}{1+t^2} \quad \cdots\cdots②$$

①より, 　$(1+x)t^2=1-x$

ただし, $x=-1$ のとき, この等式を満たす t は存在しない。

したがって, $x\neq-1$ として, ①を t^2 について解くと,

$$t^2=\dfrac{1-x}{1+x} \quad (x\neq-1) \quad \cdots\cdots③$$

③を②に代入すると,

$$y=\dfrac{2t}{1+\dfrac{1-x}{1+x}}=\dfrac{2t(1+x)}{(1+x)+(1-x)}=t(1+x) \quad (x\neq-1)$$

すなわち, 　$y=t(1+x) \quad (x\neq-1)$

両辺を 2 乗して, 　$y^2=t^2(1+x)^2 \quad (x\neq-1)$

③を代入すると,

$$y^2=\dfrac{1-x}{1+x}\cdot(1+x)^2=(1-x)(1+x)$$

$$=1-x^2 \quad (x\neq-1)$$

これを整理して, 　$x^2+y^2=1 \quad (x\neq-1)$

よって, 求める点 P の軌跡は,

円 $x^2+y^2=1$ ただし, **点 $(-1, 0)$ を除く。**

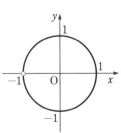

第4章　数学的な表現の工夫

第1節　数学と日常生活

1　行列

問 1

教科書 **p.128**

行列 $\begin{pmatrix} 1 & 2 \\ 3 & 4 \\ 5 & 6 \end{pmatrix}$ は，何行何列の行列か。また，(1, 2)成分を答えよ。

- -

ガイド　いくつかの数を縦横に並べて正方形や長方形の形に配列したものを**行列**といい，横の並びを**行**，縦の並びを**列**という。また，並べられた数を，その行列の**成分**という。

m 個の行と，n 個の列からなる行列を，**m 行 n 列の行列**，または，**$m \times n$ 行列**という。行は上から第1行，第2行，…… といい，列は左から第1列，第2列，…… という。第 i 行と第 j 列の交わりにある成分を (i, j) 成分といい，a_{ij} のように表す。

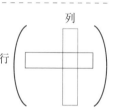

解答　**3行2列の行列**であり，(1, 2)成分は，**2**

⚠注意　$n \times n$ 行列を n 次の**正方行列**，$1 \times n$ 行列を n 次の**行ベクトル**，$m \times 1$ 行列を m 次の**列ベクトル**という。2つの行列 A, B がともに $m \times n$ 行列であり，対応する各成分がすべて等しいとき，A と B は**等しい**といい，$A = B$ で表す。

問 2　次の計算をせよ。

教科書 **p.129**

(1) $\begin{pmatrix} -1 & 3 \\ -2 & 4 \end{pmatrix} + \begin{pmatrix} 3 & 6 \\ 5 & 1 \end{pmatrix}$

(2) $\begin{pmatrix} 1 & 0 & -2 \\ 4 & 1 & 0 \end{pmatrix} + \begin{pmatrix} 5 & -4 & 2 \\ 9 & -6 & 1 \end{pmatrix}$

(3) $\begin{pmatrix} -2 & 4 \\ -1 & 3 \end{pmatrix} - \begin{pmatrix} 4 & -2 \\ 3 & -1 \end{pmatrix}$

(4) $\begin{pmatrix} 1 & 2 & 0 \\ 0 & 1 & 3 \end{pmatrix} - \begin{pmatrix} 2 & -1 & 0 \\ 4 & 1 & 3 \end{pmatrix}$

- -

ガイド　一般に，2つの行列 A，B がともに $m \times n$ 行列であるとき，対応する各成分の和，差を成分とする行列を，それぞれ A，B の**和**，**差**といい，$A+B$，$A-B$ で表す。

ここがポイント [行列の和，差]

$$\begin{pmatrix} a & b \\ c & d \end{pmatrix} + \begin{pmatrix} p & q \\ r & s \end{pmatrix} = \begin{pmatrix} a+p & b+q \\ c+r & d+s \end{pmatrix}$$

$$\begin{pmatrix} a & b \\ c & d \end{pmatrix} - \begin{pmatrix} p & q \\ r & s \end{pmatrix} = \begin{pmatrix} a-p & b-q \\ c-r & d-s \end{pmatrix}$$

解答

(1) $\begin{pmatrix} -1 & 3 \\ -2 & 4 \end{pmatrix} + \begin{pmatrix} 3 & 6 \\ 5 & 1 \end{pmatrix} = \begin{pmatrix} -1+3 & 3+6 \\ -2+5 & 4+1 \end{pmatrix} = \begin{pmatrix} 2 & 9 \\ 3 & 5 \end{pmatrix}$

(2) $\begin{pmatrix} 1 & 0 & -2 \\ 4 & 1 & 0 \end{pmatrix} + \begin{pmatrix} 5 & -4 & 2 \\ 9 & -6 & 1 \end{pmatrix} = \begin{pmatrix} 1+5 & 0-4 & -2+2 \\ 4+9 & 1-6 & 0+1 \end{pmatrix}$

$= \begin{pmatrix} 6 & -4 & 0 \\ 13 & -5 & 1 \end{pmatrix}$

(3) $\begin{pmatrix} -2 & 4 \\ -1 & 3 \end{pmatrix} - \begin{pmatrix} 4 & -2 \\ 3 & -1 \end{pmatrix} = \begin{pmatrix} -2-4 & 4+2 \\ -1-3 & 3+1 \end{pmatrix} = \begin{pmatrix} -6 & 6 \\ -4 & 4 \end{pmatrix}$

(4) $\begin{pmatrix} 1 & 2 & 0 \\ 0 & 1 & 3 \end{pmatrix} - \begin{pmatrix} 2 & -1 & 0 \\ 4 & 1 & 3 \end{pmatrix} = \begin{pmatrix} 1-2 & 2+1 & 0-0 \\ 0-4 & 1-1 & 3-3 \end{pmatrix} = \begin{pmatrix} -1 & 3 & 0 \\ -4 & 0 & 0 \end{pmatrix}$

問 3　次の計算をせよ。

教科書 **p.130**

(1) $3\begin{pmatrix} 3 & 8 \\ 12 & 5 \end{pmatrix} - 2\begin{pmatrix} 4 & 2 \\ 6 & -1 \end{pmatrix}$

(2) $3\begin{pmatrix} 1 & 2 \\ 0 & 1 \\ 3 & 0 \end{pmatrix} - 5\begin{pmatrix} 0 & 1 \\ 1 & 2 \\ 0 & 3 \end{pmatrix}$

ガイド　一般に，実数 k に対して，行列 A の各成分の k 倍を成分とする行列を，A の **k 倍**といい，kA で表す。

ここがポイント [行列の実数倍]

k を実数とするとき，　$k\begin{pmatrix} a & b \\ c & d \end{pmatrix} = \begin{pmatrix} ka & kb \\ kc & kd \end{pmatrix}$

解答

(1) $3\begin{pmatrix} 3 & 8 \\ 12 & 5 \end{pmatrix} - 2\begin{pmatrix} 4 & 2 \\ 6 & -1 \end{pmatrix} = \begin{pmatrix} 9 & 24 \\ 36 & 15 \end{pmatrix} - \begin{pmatrix} 8 & 4 \\ 12 & -2 \end{pmatrix} = \begin{pmatrix} 1 & 20 \\ 24 & 17 \end{pmatrix}$

(2) $3\begin{pmatrix} 1 & 2 \\ 0 & 1 \\ 3 & 0 \end{pmatrix} - 5\begin{pmatrix} 0 & 1 \\ 1 & 2 \\ 0 & 3 \end{pmatrix} = \begin{pmatrix} 3 & 6 \\ 0 & 3 \\ 9 & 0 \end{pmatrix} - \begin{pmatrix} 0 & 5 \\ 5 & 10 \\ 0 & 15 \end{pmatrix} = \begin{pmatrix} 3 & 1 \\ -5 & -7 \\ 9 & -15 \end{pmatrix}$

問 **4** 　次の計算をせよ。計算できないものがあれば，その理由を答えよ。

教科書
p.131 (1) $\begin{pmatrix} 0 & 2 & 1 \\ 0 & 1 & 0 \end{pmatrix}\begin{pmatrix} 3 & 0 \\ 0 & 1 \\ 1 & -2 \end{pmatrix}$　(2) $\begin{pmatrix} 3 & 0 \\ 0 & 1 \\ 1 & -2 \end{pmatrix}\begin{pmatrix} 0 & 2 & 1 \\ 0 & 1 & 0 \end{pmatrix}$　(3) $\begin{pmatrix} 1 \\ 3 \end{pmatrix}\begin{pmatrix} 2 \\ 4 \end{pmatrix}$

ガイド 　行列 A, B の**積 AB** は，A の列の個数と B の行の個数が等しい場合にのみ，次のように定義する。

> **ここがポイント** 👉 **[行列の積]**
>
> 　行列 A, B の (i, j) 成分をそれぞれ a_{ij}, b_{ij} とするとき，$\ell \times m$ 行列 A と $m \times n$ 行列 B の積 AB を，その (i, j) 成分が
> $$a_{i1}b_{1j} + a_{i2}b_{2j} + a_{i3}b_{3j} + \cdots\cdots + a_{im}b_{mj} \quad (1 \leq i \leq \ell,\ 1 \leq j \leq n)$$
> で与えられる $\ell \times n$ 行列として定義する。

解答 　(1) $\begin{pmatrix} 0 & 2 & 1 \\ 0 & 1 & 0 \end{pmatrix}\begin{pmatrix} 3 & 0 \\ 0 & 1 \\ 1 & -2 \end{pmatrix} = \begin{pmatrix} 0\cdot3+2\cdot0+1\cdot1 & 0\cdot0+2\cdot1+1\cdot(-2) \\ 0\cdot3+1\cdot0+0\cdot1 & 0\cdot0+1\cdot1+0\cdot(-2) \end{pmatrix}$

$$= \begin{pmatrix} \mathbf{1} & \mathbf{0} \\ \mathbf{0} & \mathbf{1} \end{pmatrix}$$

(2) $\begin{pmatrix} 3 & 0 \\ 0 & 1 \\ 1 & -2 \end{pmatrix}\begin{pmatrix} 0 & 2 & 1 \\ 0 & 1 & 0 \end{pmatrix}$

$$= \begin{pmatrix} 3\cdot0+0\cdot0 & 3\cdot2+0\cdot1 & 3\cdot1+0\cdot0 \\ 0\cdot0+1\cdot0 & 0\cdot2+1\cdot1 & 0\cdot1+1\cdot0 \\ 1\cdot0+(-2)\cdot0 & 1\cdot2+(-2)\cdot1 & 1\cdot1+(-2)\cdot0 \end{pmatrix} = \begin{pmatrix} \mathbf{0} & \mathbf{6} & \mathbf{3} \\ \mathbf{0} & \mathbf{1} & \mathbf{0} \\ \mathbf{0} & \mathbf{0} & \mathbf{1} \end{pmatrix}$$

(3) 　**計算できない**。

　　理由：1 つ目の行列の列の個数と 2 つ目の行列の行の個数が異なるため

⚠注意 　行列 A の列の個数と行列 B の行の個数が異なる場合，積 AB は定義しない。一般に，行列 A, B の積 AB と BA がともに定義できたとしても，$AB=BA$ が成り立つとは限らない。

プラスワン　一般に，行列 A，B，C と実数 k に対して，次の性質が成り立つ。

> **ここがポイント** 👉 **［行列の積の性質］**
> ① $A(B+C)=AB+AC$,　　$(A+B)C=AC+BC$
> ② $k(AB)=(kA)B=A(kB)$
> ③ $(AB)C=A(BC)$

③が成り立つので，$(AB)C$ や $A(BC)$ を，ABC と表してもよい。とくに，A が正方行列のとき，AA を A^2，AAA を A^3 などと書く。

問 5

教科書 **p.132**

X島からY島を経由してZ島へ行きたい。航路の路線数は右の図のようであるという。このとき，X島からY島への航路の路線数を表す行列と，Y島からZ島への航路の路線数を表す行列を求めよ。また，X島からZ島への航路の路線数を表す行列を求めよ。

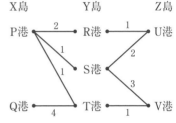

ガイド　行に出発する港，列に到着する港をとり，その交わりに，2つの港を結ぶ航路の路線数を書き入れて行列に表す。X島からZ島への航路の路線数を表す行列は，前2つの行列の積で求められる。

$$
\begin{array}{c}
\text{X島出発} \\
\end{array}
\begin{array}{cc}
 & \text{Y島到着} \\
 & \begin{array}{ccc} R & S & T \end{array} \\
\begin{array}{c} P \\ Q \end{array} & \begin{pmatrix} \square & \square & \square \\ \square & \square & \square \end{pmatrix}
\end{array}
\qquad
\begin{array}{c}
\text{Y島出発} \\
\end{array}
\begin{array}{cc}
 & \text{Z島到着} \\
 & \begin{array}{cc} U & V \end{array} \\
\begin{array}{c} R \\ S \\ T \end{array} & \begin{pmatrix} \square & \square \\ \square & \square \\ \square & \square \end{pmatrix}
\end{array}
$$

解答　X島からY島へ $\begin{pmatrix} 2 & 1 & 1 \\ 0 & 0 & 4 \end{pmatrix}$

Y島からZ島へ $\begin{pmatrix} 1 & 0 \\ 2 & 3 \\ 0 & 1 \end{pmatrix}$

X島からZ島へ

$$
\begin{pmatrix} 2 & 1 & 1 \\ 0 & 0 & 4 \end{pmatrix}\begin{pmatrix} 1 & 0 \\ 2 & 3 \\ 0 & 1 \end{pmatrix}=\begin{pmatrix} 2\cdot1+1\cdot2+1\cdot0 & 2\cdot0+1\cdot3+1\cdot1 \\ 0\cdot1+0\cdot2+4\cdot0 & 0\cdot0+0\cdot3+4\cdot1 \end{pmatrix}=\begin{pmatrix} 4 & 4 \\ 0 & 4 \end{pmatrix}
$$

第4章　数学的な表現の工夫

2　離散グラフと行列

■問 6

教科書
p.135

右の有向グラフは，催しを行っている 7 か所の地点 P，Q，R，S，T，U，V を頂点とし，シャトルバスで移動できる 2 地点を，向きをつけた辺で結んだものである。P

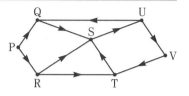

から U へ移動するにはシャトルバスを最小で何回乗り継ぐ必要があるか。また，このときの P から U へ移動する方法の総数を求めよ。

- -

ガイド　上の図において，P，Q，R，S，T，U，V のような点を**頂点**といい，頂点と頂点を結んだものを**辺**という。また，頂点と辺で構成された図を**離散グラフ**という。とくに，上の図のように，各辺に向きをつけた離散グラフを**有向グラフ**という。

　有向グラフを，1 と 0 を成分とする正方行列 A で表し，1 回乗り継ぐときの総数 A^2，2 回乗り継ぐときの総数 A^3，…… を調べる。

解答　2 地点間において，シャトルバスを 1 回使って移動できるならば 1，そうでないならば 0 とすると，図の有向グラフは右の行列で表すことができる。この行列を A とする。

$$
\begin{array}{c}
\\
\text{出発}
\end{array}
\begin{array}{c}
\begin{array}{ccccccc} & & & \text{到着} \\ \text{P} & \text{Q} & \text{R} & \text{S} & \text{T} & \text{U} & \text{V} \end{array} \\
\begin{array}{c} \text{P} \\ \text{Q} \\ \text{R} \\ \text{S} \\ \text{T} \\ \text{U} \\ \text{V} \end{array}
\begin{pmatrix}
0 & 1 & 1 & 0 & 0 & 0 & 0 \\
0 & 0 & 0 & 1 & 0 & 0 & 0 \\
0 & 0 & 0 & 1 & 1 & 0 & 0 \\
0 & 0 & 0 & 0 & 0 & 1 & 0 \\
0 & 0 & 1 & 0 & 0 & 0 & 0 \\
0 & 1 & 0 & 0 & 0 & 0 & 1 \\
0 & 0 & 0 & 0 & 1 & 0 & 0
\end{pmatrix}
\end{array}
$$

　P から U への移動する方法の総数を表す (1, 6) 成分がはじめて 0 でない数になる A^n ($n=1,2,3,\cdots\cdots$) を調べると，次のようになる。

$$
A^2=\begin{pmatrix}
0 & 0 & 0 & 2 & 1 & \boxed{0} & 0 \\
0 & 0 & 0 & 0 & 0 & 1 & 0 \\
0 & 0 & 0 & 1 & 0 & 1 & 0 \\
0 & 1 & 0 & 0 & 0 & 0 & 1 \\
0 & 0 & 0 & 0 & 0 & 1 & 0 \\
0 & 0 & 0 & 1 & 1 & 0 & 0 \\
0 & 0 & 0 & 1 & 0 & 0 & 0
\end{pmatrix}
\quad
A^3=\begin{pmatrix}
0 & 0 & 0 & 1 & 0 & \boxed{2} & 0 \\
0 & 1 & 0 & 0 & 0 & 0 & 1 \\
0 & 1 & 0 & 0 & 0 & 1 & 1 \\
0 & 0 & 0 & 1 & 1 & 0 & 0 \\
0 & 1 & 0 & 0 & 0 & 0 & 1 \\
0 & 0 & 0 & 1 & 0 & 1 & 0 \\
0 & 0 & 0 & 0 & 0 & 1 & 0
\end{pmatrix}
$$

A^2 の (1, 6) 成分は，0

A^3 の (1, 6) 成分は，2

よって，最小で **2 回乗り継ぐ**必要がある。また，総数は **2 通り**。

第2節　統計グラフの利用

1　統計グラフ

問7

教科書 p.138

右の表は，那覇市の2019年の月ごとの降水量（mm）のデータである。次のア，イの目的に応じて，データを統計グラフで表すとき，下の①～③のうちどれが最も適切か，それぞれ答えよ。

月	降水量（mm）
1 月	55.0
2 月	156.5
3 月	183.5
4 月	128.0
5 月	208.5
6 月	595.5

月	降水量（mm）
7 月	284.0
8 月	208.0
9 月	477.5
10 月	104.5
11 月	136.0
12 月	100.5
計	2637.5

ア　那覇市の2019年の降水量の変化を説明する。

イ　那覇市の2019年6月の降水量が2019年全体の降水量の $\frac{1}{5}$ より大きいことを説明する。

①
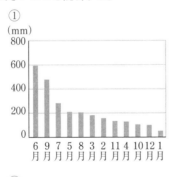

②
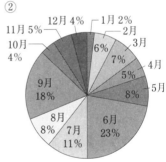

③
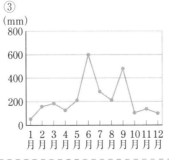

第4章　数学的な表現の工夫

ガイド データの種類や考察したい事象に応じて適切な統計グラフを選ぶ。
棒グラフは，数量の大小を比較するときに用いられる。
帯グラフや円グラフは，全体に対する割合を表すときに用いられる。
折れ線グラフは，数量の時間的な変化などを表すときに用いられる。

解答 ア…③，イ…②

⚠注意 ①の棒グラフは，那覇市の2019年の月ごとの降水量の大小の比較を説明する。

2 統計グラフの応用

◢問 8 ある菓子店では，前年度の売上げが
教科書
p.140 上位の菓子の種類を調べ，今後の販売
戦略を考えることにした。右の表は，
その調査結果をまとめたものである。
これをもとにパレート図を作成せよ。

種類	売上個数 (個)
ゼリー	600
ケーキ	5400
マカロン	2000
プリン	7000
ドーナツ	1600
アイス	3400

ガイド データを度数の降順に並べて棒グラフで表し，累積相対度数を折れ
線グラフで表してデータの傾向を読みとる統計グラフを**パレート図**という。

解答 菓子の種類を売上個数の降順に並べ，それぞれの相対度数と累積相
対度数を計算すると，下の表のようになる。

種類	売上個数 (個)	相対度数	累積相対度数
プリン	7000	0.35	0.35
ケーキ	5400	0.27	0.62
アイス	3400	0.17	0.79
マカロン	2000	0.10	0.89
ドーナツ	1600	0.08	0.97
ゼリー	600	0.03	1.00
計	20000	1.00	

パレート図は，次のようになる。

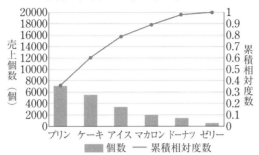

凡例：■ 個数　── 累積相対度数

問 9

教科書 **p.141**

ある学校で，国語，数学，英語の試験の点数に関係があるかどうかを調べることにした。各教科の試験の平均点を4クラスで調べると右の表のようであった。横軸を国語，縦軸を数学，円の大きさを英語としたバブルチャートで表せ。

	国語 (点)	数学 (点)	英語 (点)
A 組	60	50	60
B 組	50	80	50
C 組	80	60	80
D 組	60	85	40

第4章　数学的な表現の工夫

ガイド　3つの変量の関係を同時に見やすく表示する方法を考える。

　1つ目のデータを横軸，2つ目のデータを縦軸，3つ目のデータを円（バブル）の大きさ（面積）で表す統計グラフを**バブルチャート**という。

　(国語，数学) として，4点 A(60, 50)，B(50, 80)，C(80, 60)，D(60, 85) をとり，それぞれの点を中心として，英語の得点に比例する大きさ（面積）の円をかく。

解答

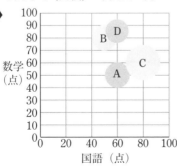

⚠注意　C組の英語80点を，例えば直径8の円で表すと，他の円の直径は次のようになる。

$$A \cdots 8 \times \frac{\sqrt{60}}{\sqrt{80}} = 4\sqrt{3} \fallingdotseq 6.9$$

$$B \cdots 8 \times \frac{\sqrt{50}}{\sqrt{80}} = 2\sqrt{10} \fallingdotseq 6.3$$

$$D \cdots 8 \times \frac{\sqrt{40}}{\sqrt{80}} = 4\sqrt{2} \fallingdotseq 5.7$$

章末問題

　右の図は，3つの頂点P，Q，Rに関する
有向グラフであり，各頂点に対応する実数
x，y，zと，各辺に対応する実数a，bが書
かれている。このような図は，人間の脳の
神経回路を数理的にモデル化する際にしば
しば登場し，人工知能 (AI) や機械学習の理
論の基盤をなしている。

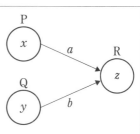

さて，頂点Rに対応する実数zは，次のルールに従い，0または1の値を
とるものとする。

> **ルール**
>
> 頂点Rと辺で結ばれている各頂点に対応する値と，その辺に対応す
> る値の積を合計した値$ax+by$が，あらかじめ定められた値h以上
> であれば1，h未満であれば0と定める。すなわち，
> $$z=\begin{cases}1 & (ax+by \geq h) \\ 0 & (ax+by < h)\end{cases}$$

このとき，以下の問いに答えよ。

(1)　$a=1$，$b=2$，$h=3$ のとき，$z=1$ となるような実数 x，y が定める
　　座標平面上の点 (x, y) 全体の集合を図示せよ。

(2)　(x, y) が $(1, 1)$ のとき $z=1$ となり，$(1, 0)$，
　　$(0, 1)$，$(0, 0)$ のとき $z=0$ となるような定数 a，
　　b，h を1組求めよ。

(3)　(x, y) が $(1, 1)$，$(0, 0)$ のとき $z=0$ となり，
　　$(0, 1)$，$(1, 0)$ のとき $z=1$ となるような定数 a，
　　b，h の組は存在しないことを示せ。

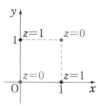

ガイド (1) $ax+by \geqq h$ から，x, yについての不等式を導く。

(2) 0, a, b, h の間の大小を調べる。

(3) 「存在する」と仮定すると矛盾が生じることを示す。背理法。

解答 (1) $a=1$, $b=2$, $h=3$ のとき，

　　　$z=1$ となるから，　$1 \cdot x + 2 \cdot y \geqq 3$

　　　　したがって，

　　　　　　$x + 2y \geqq 3$

　　　　これを満たす点 (x, y) 全体の集合を
図示すると，右の図のようになる。斜線
部分で，境界線を含む。

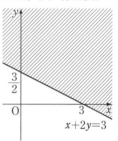

(2) (x, y) が $(1, 1)$ のとき $z=1$ となり，$(1, 0)$, $(0, 1)$, $(0, 0)$
のとき $z=0$ となるから，　$a \cdot 1 + b \cdot 1 \geqq h$

　　　　$a \cdot 1 + b \cdot 0 < h$, $a \cdot 0 + b \cdot 1 < h$, $a \cdot 0 + b \cdot 0 < h$

　　　したがって，$a < h$, $b < h$, $0 < h \leqq a+b$ $(<2h)$

　　　これらを満たす定数 a, b, h の値の組は，

　　　(例) $(a, b, h) = \left(1, 1, \dfrac{3}{2}\right)$

(3) (x, y) が $(1, 1)$, $(0, 0)$ のとき $z=0$ となり，$(0, 1)$, $(1, 0)$
のとき $z=1$ となる a, b, h が存在すると仮定する。

　　　このとき，$(0, 1)$, $(1, 0)$ のとき $z=1$ であるから，

　　　　$a \cdot 0 + b \cdot 1 \geqq h$, $a \cdot 1 + b \cdot 0 \geqq h$

　　　したがって，$a+b \geqq 2h$ すなわち，$a \cdot \dfrac{1}{2} + b \cdot \dfrac{1}{2} \geqq h$

　　　よって，$(x, y) = \left(\dfrac{1}{2}, \dfrac{1}{2}\right)$ のとき，$z=1$ ……①

　　　しかし，$(1, 1)$, $(0, 0)$ のとき，$z=0$ ならば

　　　　$a \cdot 1 + b \cdot 1 < h$, $a \cdot 0 + b \cdot 0 < h$

　　　すなわち，$a+b < h$ かつ $h > 0$

　　　このとき，$\dfrac{1}{2}a + \dfrac{1}{2}b < \dfrac{h}{2} < h$ より，

　　(x, y) が $\left(\dfrac{1}{2}, \dfrac{1}{2}\right)$ のとき，$z=0$ となる。

　　　これは，①と矛盾する。

　　　したがって，(x, y) が $(1, 1)$, $(0, 0)$ のとき $z=0$ となり，
$(0, 1)$, $(1, 0)$ のとき $z=1$ となる a, b, h は存在しない。

探究編

基準点のとり方の違い

問
教科書 p.145

教科書 144 ページの探究 1 を，点Bを基準とする位置ベクトルを用いて解け。

- -

ガイド それぞれのベクトルを，点Bを始点とするベクトルで表す。

解答 $\overrightarrow{PA}+\overrightarrow{PB}+\overrightarrow{PC}=\overrightarrow{AB}$

点Bを基準とした位置ベクトルを用いて表すと，

$(\overrightarrow{BA}-\overrightarrow{BP})-\overrightarrow{BP}+(\overrightarrow{BC}-\overrightarrow{BP})=-\overrightarrow{BA}$

整理すると，$3\overrightarrow{BP}=2\overrightarrow{BA}+\overrightarrow{BC}$

すなわち，

$$\overrightarrow{BP}=\frac{2\overrightarrow{BA}+\overrightarrow{BC}}{3}=\frac{2\overrightarrow{BA}+\overrightarrow{BC}}{1+2}$$

よって，点Pは**線分 AC を 1：2 に内分する点**である。

挑戦 1
教科書 p.145

△ABC と点Pに対して，

$$\overrightarrow{PA}+2\overrightarrow{PB}+3\overrightarrow{PC}=\vec{0}$$

が成り立っている。このとき，点Pはどのような位置にあるか。

- -

ガイド 例えば，点Aを基準とした位置ベクトルを考える。

解答 $\overrightarrow{PA}+2\overrightarrow{PB}+3\overrightarrow{PC}=\vec{0}$

点Aを基準とした位置ベクトルを用いて表すと，

$-\overrightarrow{AP}+2(\overrightarrow{AB}-\overrightarrow{AP})+3(\overrightarrow{AC}-\overrightarrow{AP})=\vec{0}$

整理すると，$6\overrightarrow{AP}=2\overrightarrow{AB}+3\overrightarrow{AC}$

すなわち，

$$\overrightarrow{AP}=\frac{2\overrightarrow{AB}+3\overrightarrow{AC}}{6}=\frac{5}{6}\times\frac{2\overrightarrow{AB}+3\overrightarrow{AC}}{3+2}$$

よって，点Pは，**線分 BC を 3：2 に内分する点をDとすると，線分 AD を 5：1 に内分する点**である。

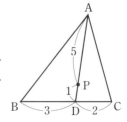

☑多様性を養おう

^{教科書}
p.145　kは実数とする。△ABC と点Pに対して，

$$3\vec{PA}+4\vec{PB}+5\vec{PC}=k\vec{BC}$$

が成り立っている。実数kが変化するとき，点Pの存在範囲を図示して
みよう。

ガイド　点Aを基準とする位置ベクトルを用いる。点Pが辺 BC に平行な直
線上にあることを導く。

解答▶　　　　$3\vec{PA}+4\vec{PB}+5\vec{PC}=k\vec{BC}$

点Aを基準とした位置ベクトルを用いて表すと，

$$-3\vec{AP}+4(\vec{AB}-\vec{AP})+5(\vec{AC}-\vec{AP})=k(\vec{AC}-\vec{AB})$$

整理すると，$12\vec{AP}=4\vec{AB}+5\vec{AC}-k(\vec{AC}-\vec{AB})$

すなわち，

$$\vec{AP}=\frac{4\vec{AB}+5\vec{AC}}{12}-\frac{k}{12}(\vec{AC}-\vec{AB})$$

$$=\frac{3}{4}\times\frac{4\vec{AB}+5\vec{AC}}{5+4}-\frac{k}{12}(\vec{AC}-\vec{AB})$$

線分 BC を 5 : 4 に内分する点を D，線分
AD を 3 : 1 に内分する点をEとすると，

$$\vec{AP}=\frac{3}{4}\vec{AD}-\frac{k}{12}\vec{BC}=\vec{AE}-\frac{k}{12}\vec{BC}$$

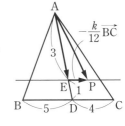

したがって，点Pは，点Eを通り辺 BC に平
行な直線上にある。その直線と辺 AB，AC の
交点を F，Gとすると，

AF : FB＝AG : GC

　　＝AE : ED＝3 : 1

よって，点Pの存在範囲は，**右の図の直線
FG** である。

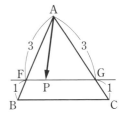

探
究
編

直線に下ろした垂線

挑戦 2 　教科書 146 ページの探究 2 において，直線 AB の方程式を求めよ。

教科書
p.147

ガイド 　座標空間の定点 A$(x_1,\ y_1,\ z_1)$ を通り，方向ベクトル
$\vec{d}=(\ell,\ m,\ n)$ に平行な直線上の点 P$(x,\ y,\ z)$ は，次のように表される。

$$\begin{cases} x=x_1+\ell t \\ y=y_1+mt \quad (t \text{ は実数}) \\ z=z_1+nt \end{cases}$$

また，$\ell mn \neq 0$ のとき，点Aを通り，$\vec{d}$ に平行な直線の方程式は，

$$\frac{x-x_1}{\ell}=\frac{y-y_1}{m}=\frac{z-z_1}{n} \text{ と表される。}$$

本問では，まず方向ベクトルとして，$\overrightarrow{AB}$ を求める。

解答 　2 点 A$(1,\ 0,\ 5)$, B$(-2,\ 3,\ 2)$ に対して，$\overrightarrow{AB}=(-3,\ 3,\ -3)$ であるから，直線 AB のベクトル方程式は
$$\vec{p}=(1,\ 0,\ 5)+t(-3,\ 3,\ -3)$$
したがって，直線 AB の媒介変数表示は，
$$\begin{cases} x=1-3t \\ y=3t \\ z=5-3t \end{cases}$$
この式から，t を消去して，直線 AB の方程式は，
$$-x+1=y=-z+5$$

柔軟性を養おう

教科書
p.147 　点 A$(2,\ 3,\ -1)$ を通り，$\vec{d}=(1,\ 1,\ -1)$ に平行な直線 ℓ に，
点 P$(1,\ 2,\ 3)$ から垂線 PH を下ろしたときの点Hの座標を求めてみよう。

ガイド 　点Hは直線 ℓ 上の点であることと，PH⊥ℓ すなわち，$\overrightarrow{PH}\cdot\vec{d}=0$ であることを使う。

解答 　A$(\vec{a})$, P$(\vec{p})$, H$(\vec{h})$ とすると，点Hは直線 ℓ 上の点であるから，
$$\vec{h}=\vec{a}+t\vec{d}=(2,\ 3,\ -1)+t(1,\ 1,\ -1)$$
$$=(2+t,\ 3+t,\ -1-t)$$

したがって,

$$\overrightarrow{\text{PH}}=\vec{h}-\vec{p}=(2+t,\ 3+t,\ -1-t)-(1,\ 2,\ 3)$$
$$=(1+t,\ 1+t,\ -4-t)$$

線分 PH と直線 ℓ は直交するから,$\overrightarrow{\text{PH}}\cdot\vec{d}=0$

すなわち,

$$(1+t)\times1+(1+t)\times1+(-4-t)\times(-1)=3t+6=0$$

したがって,$t=-2$

よって,$\vec{h}=(0,\ 1,\ 1)$ であるから,点Hの座標は $(0,\ 1,\ 1)$

同じ平面上にある条件

挑戦3　教科書148ページの探究3において,3点 A,B,C の定める平面の方程式を求めよ。

教科書
p.149

- -

ガイド　座標空間の定点 $A(x_1,\ y_1,\ z_1)$ を通り,法線ベクトル $\vec{n}=(a,\ b,\ c)$ に垂直な平面 α 上の点を $P(x,\ y,\ z)$ とすると,平面 α の方程式は,$a(x-x_1)+b(y-y_1)+c(z-z_1)=0$ と表される。

本問では,まず,平面の法線ベクトルを求める。

解答　求める平面の法線ベクトルを,$\vec{n}=(a,\ b,\ c)$ とおくと,

$$\vec{n}\cdot\overrightarrow{\text{AB}}=0,\ \vec{n}\cdot\overrightarrow{\text{AC}}=0$$

$\overrightarrow{\text{AB}}=(-3-3,\ 1-3,\ 4-1)=(-6,\ -2,\ 3)$,

$\overrightarrow{\text{AC}}=(0-3,\ 3-3,\ 2-1)=(-3,\ 0,\ 1)$ であるから,

$$-6a-2b+3c=0 \quad\cdots\cdots①$$
$$-3a+c=0 \quad\cdots\cdots②$$

②より,$c=3a$

①に代入すると,$-6a-2b+9a=0$,$b=\dfrac{3}{2}a$

したがって,$\vec{n}=\left(a,\ \dfrac{3}{2}a,\ 3a\right)$

ここで,$a=2$ とすると,求める平面の法線ベクトルの1つは,

$$\vec{n}=(2,\ 3,\ 6)$$

また,A(3, 3, 1) より,求める平面の方程式は

$$2(x-3)+3(y-3)+6(z-1)=0$$

探
究
編

☑柔軟性を養おう

教科書 **p.149** 3点 A(1, 2, 3), B(2, 1, 4), C(3, 4, −1) が定める平面を α とするとき, 次のものを求めてみよう。

(1) 平面 α 上に点 P(x, −2, 5) があるときの x の値

(2) 点 Q(6, 3, 7) から平面 α に垂線 QH を下ろしたときの点 H の座標と線分 QH の長さ

ガイド (1) 一直線上にない3点 A, B, C を通る平面を α とするとき, 点 P が平面 α 上にある条件は, 原点 O を基準とすると,

$$\overrightarrow{OP}=r\overrightarrow{OA}+s\overrightarrow{OB}+t\overrightarrow{OC} \quad (r+s+t=1)$$

となる。r, s, t の値から, x の値を求める。

(2) 点 H は平面 α 上にあるから, 点 Q を基準にとり, $\overrightarrow{QH}$ を考える。$\overrightarrow{QH}\perp\overrightarrow{AB}$, $\overrightarrow{QH}\perp\overrightarrow{AC}$ から, r, s, t の値を求める。

解答▶ (1) 点 P は平面 α 上にあるから,

$$\overrightarrow{OP}=r\overrightarrow{OA}+s\overrightarrow{OB}+t\overrightarrow{OC} \quad (r+s+t=1)$$

となる実数 r, s, t がある。

すなわち,

$$(x, -2, 5)=r(1, 2, 3)+s(2, 1, 4)+t(3, 4, -1)$$
$$=(r+2s+3t, 2r+s+4t, 3r+4s-t)$$

したがって, $\begin{cases} r+2s+3t=x & \cdots\cdots① \\ 2r+s+4t=-2 & \cdots\cdots② \\ 3r+4s-t=5 & \cdots\cdots③ \end{cases}$

①, ②, ③と $r+s+t=1$ より,

$$r=-6, \ s=6, \ t=1, \ x=9$$

よって, **$x=9$**

(2) 点 H は平面 α にあるから, 点 Q を基準にとると,

$$\overrightarrow{QH}=r\overrightarrow{QA}+s\overrightarrow{QB}+t\overrightarrow{QC} \quad (r+s+t=1)$$

となる実数 r, s, t がある。

$\overrightarrow{QA}=(-5, -1, -4)$, $\overrightarrow{QB}=(-4, -2, -3)$,

$\overrightarrow{QC}=(-3, 1, -8)$ であるから,

$$\overrightarrow{QH}=(-5r-4s-3t, \ -r-2s+t, \ -4r-3s-8t) \quad \cdots\cdots①$$

ここで，$\overrightarrow{\mathrm{QH}}\perp\overrightarrow{\mathrm{AB}}$，$\overrightarrow{\mathrm{QH}}\perp\overrightarrow{\mathrm{AC}}$ より，

　　$\overrightarrow{\mathrm{QH}}\cdot\overrightarrow{\mathrm{AB}}=0$，$\overrightarrow{\mathrm{QH}}\cdot\overrightarrow{\mathrm{AC}}=0$

$\overrightarrow{\mathrm{AB}}=(1,\ -1,\ 1)$，$\overrightarrow{\mathrm{AC}}=(2,\ 2,\ -4)$ であるから，

　　$(-5r-4s-3t)\times1+(-r-2s+t)\times(-1)$
$$+(-4r-3s-8t)\times1$$

$$=-8r-5s-12t=0 \quad \cdots\cdots②$$

また，

　　$(-5r-4s-3t)\times2+(-r-2s+t)\times2$
$$+(-4r-3s-8t)\times(-4)$$

$$=4r+28t=0$$

すなわち，　$r+7t=0$ 　$\cdots\cdots③$

②，③と $r+s+t=1$ より，　$r=-\dfrac{5}{2}$，$s=\dfrac{22}{7}$，$t=\dfrac{5}{14}$

これを①に代入して計算すると，$\overrightarrow{\mathrm{QH}}=\left(-\dfrac{8}{7},\ -\dfrac{24}{7},\ -\dfrac{16}{7}\right)$

したがって，

　　$\overrightarrow{\mathrm{OH}}=\overrightarrow{\mathrm{OQ}}+\overrightarrow{\mathrm{QH}}=(6,\ 3,\ 7)+\left(-\dfrac{8}{7},\ -\dfrac{24}{7},\ -\dfrac{16}{7}\right)$

　　　　$=\left(\dfrac{34}{7},\ -\dfrac{3}{7},\ \dfrac{33}{7}\right)$

よって，**点 H の座標**は，$\left(\dfrac{34}{7},\ -\dfrac{3}{7},\ \dfrac{33}{7}\right)$

また，**線分 QH の長さ**は，

$$|\overrightarrow{\mathrm{QH}}|=\sqrt{\left(-\dfrac{8}{7}\right)^2+\left(-\dfrac{24}{7}\right)^2+\left(-\dfrac{16}{7}\right)^2}=\dfrac{8\sqrt{14}}{7}$$

探究編

GPS の仕組み

挑戦 4

教科書 **p.151**

(1)　座標空間において，xy 平面上の点 P は，3 点 A$(6,\ 0,\ 4)$，B$(0,\ 0,\ 4)$，C$(-2,\ 0,\ 4)$ からの距離がそれぞれ 6，$2\sqrt{6}$，6 であるという。このような点 P の位置を求めよ。

(2)　座標空間において，xy 平面上の点 P は，3 点 A$(6,\ 0,\ 4)$，B$(0,\ 0,\ 4)$，D$(1,\ 3,\ 4)$ からの距離がそれぞれ 6，$2\sqrt{6}$，$3\sqrt{2}$ であるという。このような点 P の位置を求めよ。

ガイド 2点 A, B の座標と, それぞれの点から xy 平面上の点 P までの距離は, 探究4 と同じ条件である。点 P の位置を1か所に特定できなかった。そこで, (1), (2)のそれぞれで, 条件を追加して考える。

(1) 点 $C(-2, 0, 4)$ を中心とし, 半径が6の球面

(2) 点 $D(1, 3, 4)$ を中心とし, 半径が $3\sqrt{2}$ の球面

解答 (1) 点 P は xy 平面上にあるから, 点 P の座標を $(x, y, 0)$ とおくことができる。

探究4より, $x=2, y=2$ または $x=2, y=-2$

ここで, $CP=6$ であるから,

$CP^2=\{x-(-2)\}^2+y^2+(0-4)^2=6^2$

よって, $x^2+y^2+4x-16=0$ ……①

$x=2, y=2$ と $x=2, y=-2$ は, ともに①を満たす。

よって, 点 P の位置は, **(2, 2, 0)**, **(2, -2, 0)**

(2) 2点 A, B の座標と, そこから点 P までの距離は(1)と同じであるから, (1)と同様に考えると,

$x=2, y=2$ または $x=2, y=-2$

ここで, $DP=3\sqrt{2}$ であるから,

$DP^2=(x-1)^2+(y-3)^2+(0-4)^2=(3\sqrt{2})^2$

よって, $x^2+y^2-2x-6y+8=0$ ……②

$x=2, y=2$ は②を満たすが, $x=2, y=-2$ は②を満たさない。

よって, 点 P の位置は, **(2, 2, 0)**

◻**柔軟性を養おう**

教科書
p.151 ▉**1** 平面上の点の位置を1か所に特定するためには, その点からの距離を測定する3点に, どのような条件が必要だろうか。

▉**2** GPS で地球上にある点の位置を1か所に特定するためには, 人工衛星をどのように配置すればよいだろうか。

ガイド ▉**1** 挑戦4 (1)において, 3点が一直線上にある場合, 求める特定の1点をその直線を対称の軸として対称移動した点も条件に当てはまる。よって, 3点が一直線上にあるとき, 1点に特定できない。

> **2** 一直線上にない 3 つの人工衛星 A, B, C からの距離がわかっているとき, 条件を満たす点は 2 つある。この 2 点は地球上と宇宙空間に 1 つずつあり, 地球上の点が特定できる。

解答 **1** xy 平面上の点 P の位置を 1 か所に特定するためには, 距離を測定する 3 点が一直線上にないことが必要である。

       2 一直線上にない 3 つの人工衛星を配置すれば, 地球上の点 P の位置を 1 点に特定することができる。

⚠注意 実際の GPS では, 特定の精度を上げるために, 4 つの人工衛星を使って位置を特定している。

円円対応

挑戦 5
教科書
p.153
点 z が点 $A\left(\dfrac{1}{4}\right)$ を通り実軸に垂直な直線上を動くとき, $w=\dfrac{1}{z}$ で表される点 w は, どのような図形を描くか。

- -

ガイド 点 $B\left(\dfrac{1}{2}\right)$ とすると, 点 z は線分 OB の垂直二等分線上を動くことを用いる。

解答 $|z|=\left|z-\dfrac{1}{2}\right|$ より, $\left|\dfrac{1}{w}\right|=\left|\dfrac{1}{w}-\dfrac{1}{2}\right|$

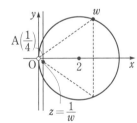

両辺を $|2w|$ 倍して, $|2|=|2-w|$

すなわち, $|w-2|=2$

よって, 点 w は

中心が点 2 で, 半径が 2 の円

を描く。ただし, $w=\dfrac{1}{z}\ne0$ より, 円のうち原点, つまり **$w=0$ を除く**。

- -

☐柔軟性を養おう ⟨発展⟩
教科書
p.153
$ad-bc\ne0$ を満たす複素数の定数 a, b, c, d に対し, 関数

$$f(z)=\frac{az+b}{cz+d}$$

を考える。点 z が複素数平面上の円または直線上を動くとき, $w=f(z)$ で表される点 w も円または直線上を動くことを証明してみよう。

- -

ガイド 関数 $f(z)$ は, z の平行移動, 回転と拡大・縮小, $\dfrac{1}{z}$ の変換を組み合わせたものであることを示せばよい。

解答 α, w, z を複素数とするとき, 次の 3 つの変換を考える。

$$(\text{i}) \quad w=z+\alpha \qquad (\text{ii}) \quad w=\alpha z \ (\alpha \neq 0) \qquad (\text{iii}) \quad w=\dfrac{1}{z}$$

このとき,

$$\frac{az+b}{cz+d}=\begin{cases} \dfrac{a}{c}-\dfrac{ad-bc}{c}\cdot\dfrac{1}{cz+d} & (c\neq 0) \\[2mm] \dfrac{a}{d}z+\dfrac{b}{d} & (c=0) \end{cases}$$

と変形すると, 関数 $f(z)$ は, (i)〜(iii)の 3 つの変換を組み合わせたものであることがわかる。

(i), (ii)の変換によって円が円に移ることや直線が直線に移ることは明らかである。また, (iii)の変換によって円または直線が円または直線に移ることは, 教科書 p.152 と p.153 で証明した。

以上より, 点 z が複素数平面上の円または直線上を動くとき, $w=f(z)$ で表される点 w も円または直線上を動く。

複素数平面の活用―宝探し―

挑戦 6
教科書
p.155

右の図のように △ABC の外側に正方形 ABDE, ACFG を作る。線分 EG の中点を M とするとき, BC=2AM, BC⊥AM であることを証明してみよう。

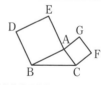

ガイド 複素数平面上の原点 O と頂点 A を一致させ, B(β), C(γ) とする。M(z) として, z を β, γ を用いて表す。

解答 複素数平面上の原点 O と △ABC の頂点 A を一致させ, 点 B(β), C(γ) とする。

このとき, E($-i\beta$), G($i\gamma$) より, M(z) とすると,

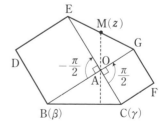

$$z = \frac{1}{2}(-i\beta + i\gamma) = \frac{i}{2}(\gamma - \beta)$$

したがって，　$\dfrac{z}{\gamma - \beta} = \dfrac{i}{2}$

これより，　$\left|\dfrac{z}{\gamma - \beta}\right| = \left|\dfrac{i}{2}\right| = \dfrac{1}{2}$，　$|\gamma - \beta| = 2|z|$

よって，　BC＝2OM　すなわち　BC＝2AM

また，$\dfrac{z}{\gamma - \beta}$ は純虚数であるから，2直線 BC，OM は垂直である。

よって，　BC⊥AM

☑独創性を養おう

教科書 **p.155**　教科書154ページの探究6において，教科書155ページの △OMA が正三角形となるように財宝の位置を移動した。このとき，井戸の位置に関係なく，財宝の位置が定まるような文書を作ってみよう。

- -

ガイド　△OMA が正三角形となるように，次の
文章において，θ_1，θ_2，r_1，r_2 を調整する。

『井戸 B(β) から松の木（原点O）までま
っすぐ歩き，右回りに θ_1 向きを変えて歩
いた距離の r_1 倍だけ進んだ地点を P(γ)

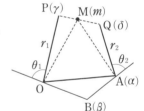

とし，井戸 B(β) から梅の木 A(α) までま
っすぐ歩き，左回りに θ_2 向きを変えて歩いた距離の r_2 倍だけ進んだ
地点を Q(δ) とする。財宝は点 P(γ) と点 Q(δ) の中間地点 M(m) に
埋めてある。』

△OMA が正三角形となればよいので，

$$m = \alpha \times \left(\cos\frac{\pi}{3} + i\sin\frac{\pi}{3}\right) \text{ より，} \quad m = \frac{1+\sqrt{3}\,i}{2}\alpha \quad \cdots\cdots\text{①}$$

また，M(m) は線分 PQ の中点であるから，　$m = \dfrac{\gamma + \delta}{2}$　……②

ここで，回転と距離の倍の割合を合わせて，

$$z_1 = r_1\{\cos(\pi - \theta_1) + i\sin(\pi - \theta_1)\} \quad \cdots\cdots\text{③}$$
$$z_2 = r_2\{\cos(-\pi + \theta_2) + i\sin(-\pi + \theta_2)\} \quad \cdots\cdots\text{④}$$

とすると，　$\gamma = \beta z_1$，　$\delta = (\beta - \alpha)z_2 + \alpha$

よって，②より

探究編

$$m = \frac{\beta z_1 + \{(\beta-\alpha)z_2+\alpha\}}{2} = \frac{1-z_2}{2}\alpha + \frac{z_1+z_2}{2}\beta \quad \cdots\cdots ⑤$$

井戸の位置 β に関係なく財宝の位置 m が決まるようにすると,

①, ⑤から, $\begin{cases} \dfrac{1-z_2}{2} = \dfrac{1+\sqrt{3}\,i}{2} \\ z_1+z_2=0 \end{cases}$

したがって, $z_2 = -\sqrt{3}\,i = \sqrt{3}\left\{\cos\left(-\dfrac{\pi}{2}\right) + i\sin\left(-\dfrac{\pi}{2}\right)\right\}$

$$z_1 = -z_2 = \sqrt{3}\left(\cos\frac{\pi}{2} + i\sin\frac{\pi}{2}\right)$$

となるので, ③, ④より, $r_1=r_2=\sqrt{3}$, $\theta_1=\theta_2=\dfrac{\pi}{2}$

解答▶ この島には, 1本の松の木と1本の梅の
木と1基の井戸がある。

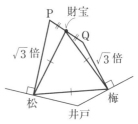

井戸から松の木までまっすぐ歩き, 右回
りに 90° 向きを変えて歩いた距離の $\sqrt{3}$
倍だけ進んだ地点をPとし, 井戸から梅の
木までまっすぐ歩き, 左回りに 90° 向きを
変えて歩いた距離の $\sqrt{3}$ 倍だけ進んだ地点をQとする。財宝は点P
と点Qの中間地点に埋めてある。

双曲線航法による位置の特定

挑戦 7 ある船Qが, 教科書 156 ページの探究7の電波発信所 A, B, C, D か
教科書 ら電波を受信し, $AQ-BQ=8$, $CQ-DQ=2\sqrt{5}$ であることがわかった。
p.157 このとき, 船Qの位置を特定せよ。

- -

ガイド 探究7 と同様に座標平面を設定し, 2定点 A, B からの距離の差が
8である双曲線と, 2定点 C, D からの距離の差が $2\sqrt{5}$ である双曲線
を考える。2つの双曲線の共有点のうち, 条件に合う点が船Qの位置
となる。

解答▶ $A(-8,\ 0)$, $B(8,\ 0)$, $C(0,\ -5)$, $D(0,\ 5)$ とする。

船Qの位置を $Q(x,\ y)$ とすると, $AQ-BQ=8$ より, $BQ<AQ$ で
あるから, 点Qは $x>0$ を満たし, 2点 A, B を焦点とする双曲線上
にある。

双曲線の方程式を $\dfrac{x^2}{a^2}-\dfrac{y^2}{b^2}=1$ $(a>0,\ b>0)$ とおくと，$2a=8$，

$\sqrt{a^2+b^2}=8$

したがって，$a=4$，$b=4\sqrt{3}$ であるから，　$\dfrac{x^2}{16}-\dfrac{y^2}{48}=1$

よって，点Qは，次の双曲線上に存在する。

$\dfrac{x^2}{16}-\dfrac{y^2}{48}=1$　$(x>0)$　……①

また，$CQ-DQ=2\sqrt{5}$ より，同様に考えると，点Qは，次の双曲線上に存在する。

$\dfrac{x^2}{20}-\dfrac{y^2}{5}=-1$　$(y>0)$　……②

①，②を連立して，x^2，y^2 について解くと，

$x^2=\dfrac{212}{11}$，$y^2=\dfrac{108}{11}$

$x>0$，$y>0$ より，$x=\dfrac{2\sqrt{583}}{11}$，$y=\dfrac{6\sqrt{33}}{11}$

よって，船Qの位置は，　$\left(\dfrac{2\sqrt{583}}{11},\ \dfrac{6\sqrt{33}}{11}\right)$

探究編

☑ **柔軟性を養おう**

教科書 **p.157**　双曲線航法において，船の位置が特定できない場所がある。それはどこか，考えてみよう。

- -

ガイド 探究7 の電波発信所 A，B，C，D を用いて考える。双曲線航法では特定できない位置とは，発信所からの情報では，双曲線を描くことができない位置である。

解答 双曲線の定義から考えると，教科書 p.156 と同様に座標平面を設定したとき，船が下記のいずれかの位置にいる場合では，双曲線航法でその位置が特定できない。

(i) $(x_1,\ 0)$ $(x_1<-8,\ 8<x_1)$

(ii) $(0,\ y_1)$ $(y_1<-5,\ 5<y_1)$

曲線の媒介変数表示

挑戦 8 半径 a の円 C が，点 $(a, 0)$ を中心とする半径 a の円 O のまわりを外接

教科書
p.159 しながら滑ることなく回転していく。このとき，最初は円 C の中心が点 $(3a, 0)$ にあったとすると，点 $(4a, 0)$ から出発した円 C の円周上の定点が描く図形が，教科書 122 ページで学ぶカージオイドとなる。このカージオイドの媒介変数表示が次のようになることを確かめよ。

$$x = 2a(1+\cos\theta)\cos\theta, \quad y = 2a(1+\cos\theta)\sin\theta$$

ガイド 点 $(0, 0)$ を基準の点とする。点 $(4a, 0)$ から出発する円 C の円周上の定点を P(x, y)，円 C が回転した角を θ とする。計算の過程で 2 倍角の公式も使う。

解答 円 O の中心を A$(a, 0)$，最初の円
C の中心を $C_1(3a, 0)$ とする。

また，点 B，D の座標をそれぞれ
B$(4a, 0)$，D$(2a, 0)$ とする。

さらに，円 C が円 O に外接しなが
ら滑ることなく回転したとき，中心
が移動した点を C_2 とし，
$\angle C_1 A C_2 = \theta$ として，円 O と円 C の
接点を D_1 とする。

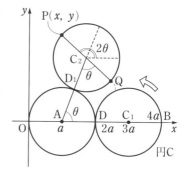

また，このとき点 B，D が移動した点をそれぞれ点 P，Q とすると，
$\overset{\frown}{DD_1} = \overset{\frown}{QD_1}$ となるから，$\angle D_1 C_2 Q = \theta$ である。

ここで，$\overrightarrow{OP} = \overrightarrow{OA} + \overrightarrow{AC_2} + \overrightarrow{C_2 P}$ であるから，P の座標を (x, y) と
すると，

$$
\begin{aligned}
(x, y) &= (a, 0) + (2a\cos\theta, 2a\sin\theta) + (a\cos 2\theta, a\sin 2\theta) \\
&= (a + 2a\cos\theta + a(2\cos^2\theta - 1), \ 2a\sin\theta + 2a\sin\theta\cos\theta) \\
&= (2a(1+\cos\theta)\cos\theta, \ 2a(1+\cos\theta)\sin\theta)
\end{aligned}
$$

よって，$x = 2a(1+\cos\theta)\cos\theta, \quad y = 2a(1+\cos\theta)\sin\theta$

▱**独創性を養おう**

教科書
p.159　円 $x^2+y^2=1$ 上の点 A$(-1,\ 0)$ を通る直
　　　　　線の傾き t を用いて，円 $x^2+y^2=1$ から
　　　　　点Aを除く部分を媒介変数表示してみよ
　　　　　う。

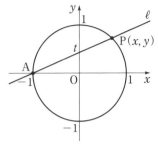

- -

ガイド　円と直線のAと異なる交点を P$(x,\ y)$ として，$x,\ y$ のそれぞれを t
を用いて表す。t を媒介変数とする媒介変数表示になる。

解答　　　　$x^2+y^2=1$　……①

　　　円①上の点 A$(-1,\ 0)$ を通る傾き t の直線は，

　　　　　　$y=t(x+1)$　……②

と表すことができる。

　　　円①と直線②の交点のうち，点Aと異なる点を P$(x,\ y)$ とする。

　　　①，②から y を消去すると，

　　　　　　$x^2+t^2(x+1)^2=1$

　　　　　　$(x+1)(x-1)+t^2(x+1)^2=0$

　　　　　　$(x+1)\{(1+t^2)x-(1-t^2)\}=0$

　　　点 A$(-1,\ 0)$ を除くから，$x+1 \neq 0$

　　　よって，　　$x=\dfrac{1-t^2}{1+t^2}$

　　　②より，　　$y=\dfrac{2t}{1+t^2}$

　　　これは，点 A$(-1,\ 0)$ を除いた円①の t を媒介変数とした媒介変数
表示である。

探
究
編

極のとり方と極方程式

挑戦 9

教科書
p.161

楕円 $\dfrac{x^2}{6}+\dfrac{y^2}{5}=1$ の 1 つの焦点 F(1, 0) を通る弦を AB とするとき，$\dfrac{1}{\text{FA}}+\dfrac{1}{\text{FB}}$ は一定であることを示せ。

ガイド 探究9 の 解2 と同様の極座標を考え，同様の手順で，この楕円の極方程式を求める。A$(r_1,\ \theta_1)$ とすると B$(r_2,\ \theta_1+\pi)$ と表せる。

解答 焦点 F(1, 0) を極，x 軸の 1 より大きい部分を始線とする極座標を考えると，

$$x=1+r\cos\theta,\ y=r\sin\theta$$

これを $\dfrac{x^2}{6}+\dfrac{y^2}{5}=1$ に代入すると，

$$\frac{(1+r\cos\theta)^2}{6}+\frac{(r\sin\theta)^2}{5}=1$$

$$5+10r\cos\theta+5r^2\cos^2\theta+6r^2\sin^2\theta=30$$

$$5r^2\cos^2\theta+6r^2(1-\cos^2\theta)+10r\cos\theta-25=0$$

$$r^2(6-\cos^2\theta)+10r\cos\theta-25=0$$

$$\{r(\sqrt{6}+\cos\theta)-5\}\{r(\sqrt{6}-\cos\theta)+5\}=0$$

よって，この楕円の極方程式は，

$$r=\frac{5}{\sqrt{6}+\cos\theta}\quad \text{または，}\ r=-\frac{5}{\sqrt{6}-\cos\theta}$$

$r=\dfrac{5}{\sqrt{6}+\cos\theta}$ について，A$(r_1,\ \theta_1)$ とすると，B$(r_2,\ \theta_1+\pi)$ と表せるから，

$$\frac{1}{\text{FA}}+\frac{1}{\text{FB}}=\frac{1}{r_1}+\frac{1}{r_2}=\frac{\sqrt{6}+\cos\theta_1}{5}+\frac{\sqrt{6}+\cos(\theta_1+\pi)}{5}$$

$$=\frac{\sqrt{6}+\cos\theta_1}{5}+\frac{\sqrt{6}-\cos\theta_1}{5}=\frac{2\sqrt{6}}{5}$$

$r=-\dfrac{5}{\sqrt{6}-\cos\theta}$ について，$r<0$ より，A$(r_1,\ \theta_1)$ を $r_1=|r|$，$\theta_1=\theta+\pi$ とすると，$r_1=\left|-\dfrac{5}{\sqrt{6}-\cos(\theta_1-\pi)}\right|=\dfrac{5}{\sqrt{6}+\cos\theta_1}$ となり，$r=\dfrac{5}{\sqrt{6}+\cos\theta}$ のときと同様の結果になる。

よって，$\dfrac{1}{\text{FA}}+\dfrac{1}{\text{FB}}$ は一定の値 $\dfrac{2\sqrt{6}}{5}$ となる。

□ **多様性を養おう**

教科書
p.161 双曲線 $\dfrac{x^2}{4}-y^2=1$ の1つの焦点Fを通る直線がこの双曲線と交わる点
を P，Q とするとき，FP・FQ の最小値を求めてみよう。

- -

ガイド **解2** や **挑戦9** と同様の極座標を考え，この双曲線の極方程式を求
める。2通り得られるが，その2つの極方程式の関係に着目する。

解答 点 $\text{F}(\sqrt{5},\ 0)$ を極，x 軸の $\sqrt{5}$ より大きい部分を始線とする極座標
を考えて，

　　点 $\text{P}(x,\ y)$ とすると，$x=\sqrt{5}+r\cos\theta,\ y=r\sin\theta$

　　$\dfrac{x^2}{4}-y^2=1$ に代入すると，$(\sqrt{5}+r\cos\theta)^2-4(r\sin\theta)^2=4$

　　　　$r^2\cos^2\theta+2\sqrt{5}\,r\cos\theta-4r^2(1-\cos^2\theta)+1=0$

　　　　$r^2(4-5\cos^2\theta)-2\sqrt{5}\,r\cos\theta-1=0$

　　　　$\{r(2-\sqrt{5}\,\cos\theta)-1\}\{r(2+\sqrt{5}\,\cos\theta)+1\}=0$

　　したがって，　$r=\dfrac{1}{2-\sqrt{5}\,\cos\theta}$　または，$r=-\dfrac{1}{2+\sqrt{5}\,\cos\theta}$

　　$r_1(\theta)=\dfrac{1}{2-\sqrt{5}\,\cos\theta}$，$r_2(\theta)=-\dfrac{1}{2+\sqrt{5}\,\cos\theta}$ とおくと，

　　$r_1(\theta+\pi)=\dfrac{1}{2-\sqrt{5}\,\cos(\theta+\pi)}=\dfrac{1}{2+\sqrt{5}\,\cos\theta}=-r_2(\theta)$

が成り立つので，2点 P，Q の極座標を
$\text{P}(r_1,\ \theta)$，$\text{Q}(r_2,\ \theta)$ とおくと，3点 F，P，
Q は一直線上にある。

　このときの様子は右の図のようになり，
求めるものは FP・FQ の最小値である。

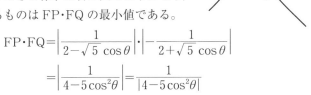

　　　$\text{FP・FQ}=\left|\dfrac{1}{2-\sqrt{5}\,\cos\theta}\right|\cdot\left|-\dfrac{1}{2+\sqrt{5}\,\cos\theta}\right|$

　　　　　　　$=\left|\dfrac{1}{4-5\cos^2\theta}\right|=\dfrac{1}{|4-5\cos^2\theta|}$

　ここで，$-1\leqq 4-5\cos^2\theta\leqq 4$ であるから，　$\dfrac{1}{4}\leqq\dfrac{1}{|4-5\cos^2\theta|}$

　よって，求める最小値は，$\dfrac{1}{4}$

探
究
編

◆ 重要事項・公式

ベクトル

▶ **ベクトルの計算法則**
$\vec{a}+\vec{b}=\vec{b}+\vec{a}$, $(\vec{a}+\vec{b})+\vec{c}=\vec{a}+(\vec{b}+\vec{c})$
$k(\ell\vec{a})=(k\ell)\vec{a}$, $(k+\ell)\vec{a}=k\vec{a}+\ell\vec{a}$
$k(\vec{a}+\vec{b})=k\vec{a}+k\vec{b}$

▶ **ベクトルの平行**
$\vec{a}\neq\vec{0}$, $\vec{b}\neq\vec{0}$ のとき,
$\vec{a}/\!/\vec{b}\iff\vec{b}=k\vec{a}$ となる実数 k がある。

▶ **ベクトルの分解と相等**
$\vec{a}\neq\vec{0}$, $\vec{b}\neq\vec{0}$ で $\vec{a}$ と $\vec{b}$ が平行でないとき,
平面上の任意のベクトル $\vec{p}$ は,
$\vec{p}=k\vec{a}+\ell\vec{b}$ とただ1通りに表され,
$k\vec{a}+\ell\vec{b}=k'\vec{a}+\ell'\vec{b}\iff k=k'$, $\ell=\ell'$

▶ **ベクトルの内積**
- $\vec{a}\cdot\vec{b}=|\vec{a}||\vec{b}|\cos\theta$
  $\vec{a}\cdot\vec{a}=|\vec{a}|^2$
- $\vec{a}\neq\vec{0}$, $\vec{b}\neq\vec{0}$ のとき,
  $\vec{a}\perp\vec{b}\iff\vec{a}\cdot\vec{b}=0$
- 計算法則
  $\vec{a}\cdot\vec{b}=\vec{b}\cdot\vec{a}$
  $\vec{a}\cdot(\vec{b}+\vec{c})=\vec{a}\cdot\vec{b}+\vec{a}\cdot\vec{c}$
  $(k\vec{a})\cdot\vec{b}=\vec{a}\cdot(k\vec{b})=k(\vec{a}\cdot\vec{b})$

▶ **位置ベクトル**
$A(\vec{a})$, $B(\vec{b})$, $C(\vec{c})$ とする。
- $\overrightarrow{AB}=\vec{b}-\vec{a}$
- 線分 AB を $m:n$ に内分する点 $P(\vec{p})$
  と $m:n$ に外分する点 $Q(\vec{q})$
  $\vec{p}=\dfrac{n\vec{a}+m\vec{b}}{m+n}$, $\vec{q}=\dfrac{-n\vec{a}+m\vec{b}}{m-n}$
- $\triangle ABC$ の重心 $G(\vec{g})$ $\vec{g}=\dfrac{\vec{a}+\vec{b}+\vec{c}}{3}$

▶ **ベクトル方程式**
- 点 $A(\vec{a})$ を通り, $\vec{d}$ に平行な直線
  $\vec{p}=\vec{a}+t\vec{d}$
- 異なる2点 $A(\vec{a})$, $B(\vec{b})$ を通る直線
  $\vec{p}=(1-t)\vec{a}+t\vec{b}=s\vec{a}+t\vec{b}$ $(s+t=1)$
- 点 $A(\vec{a})$ を通り, $\vec{n}$ に垂直な直線
  $\vec{n}\cdot(\vec{p}-\vec{a})=0$

- 定点 $C(\vec{c})$ を中心とする半径 r の円
  $|\vec{p}-\vec{c}|=r$, $(\vec{p}-\vec{c})\cdot(\vec{p}-\vec{c})=r^2$

▶ **ベクトルの成分**
$\vec{a}=(a_1, a_2)$, $\vec{b}=(b_1, b_2)$ とする。
$\vec{a}=\vec{b}\iff a_1=b_1$, $a_2=b_2$
$|\vec{a}|=\sqrt{a_1{}^2+a_2{}^2}$
$\vec{a}+\vec{b}=(a_1+b_1, a_2+b_2)$
$k\vec{a}=(ka_1, ka_2)$, $\vec{a}\cdot\vec{b}=a_1b_1+a_2b_2$
$\cos\theta=\dfrac{\vec{a}\cdot\vec{b}}{|\vec{a}||\vec{b}|}=\dfrac{a_1b_1+a_2b_2}{\sqrt{a_1{}^2+a_2{}^2}\sqrt{b_1{}^2+b_2{}^2}}$

複素数平面

▶ **共役な複素数**
$\overline{\alpha+\beta}=\overline{\alpha}+\overline{\beta}$, $\overline{\alpha-\beta}=\overline{\alpha}-\overline{\beta}$
$\overline{\alpha\beta}=\overline{\alpha}\,\overline{\beta}$, $\overline{\left(\dfrac{\alpha}{\beta}\right)}=\dfrac{\overline{\alpha}}{\overline{\beta}}$ $(\beta\neq0)$

▶ **複素数の極形式**
$z=a+bi=r(\cos\theta+i\sin\theta)$
$\left(r=|z|=\sqrt{a^2+b^2},\ \cos\theta=\dfrac{a}{r},\ \sin\theta=\dfrac{b}{r}\right)$

▶ **複素数の極形式における積と商**
$z_1=r_1(\cos\theta_1+i\sin\theta_1)$,
$z_2=r_2(\cos\theta_2+i\sin\theta_2)$ のとき,
積 $z_1z_2=r_1r_2\{\cos(\theta_1+\theta_2)+\sin(\theta_1+\theta_2)\}$
$|z_1z_2|=|z_1||z_2|$, $\arg z_1z_2=\arg z_1+\arg z_2$
商 $\dfrac{z_1}{z_2}=\dfrac{r_1}{r_2}\{\cos(\theta_1-\theta_2)+i\sin(\theta_1-\theta_2)\}$
$\left|\dfrac{z_1}{z_2}\right|=\dfrac{|z_1|}{|z_2|}$, $\arg\dfrac{z_1}{z_2}=\arg z_1-\arg z_2$

▶ **ド・モアブルの定理**
n が整数のとき,
$(\cos\theta+i\sin\theta)^n=\cos n\theta+i\sin n\theta$

▶ **複素平面上の内分点・外分点**
2点 $A(\alpha)$, $B(\beta)$ に対して, 線分 AB を
$m:n$ に内分する点は $\dfrac{n\alpha+m\beta}{m+n}$,
$m:n$ に外分する点は $\dfrac{-n\alpha+m\beta}{m-n}$,
中点は $\dfrac{\alpha+\beta}{2}$ である。